Sitzungsberichte
der
Bayerischen Akademie der Wissenschaften
Mathematisch-naturwissenschaftliche Abteilung

Sonderabdruck aus Jahrgang 1929

Über das asymptotische Verhalten der Lösungen von Differentialgleichungen und Differentialgleichungssystemen

von

F. Lettenmeyer

Vorgelegt in der Sitzung am 6 Juli 1929

München 1929
Verlag der Bayerischen Akademie der Wissenschaften
in Kommission des Verlags R. Oldenbourg München

Über das asymptotische Verhalten der Lösungen von Differentialgleichungen und Differentialgleichungssystemen.

Von **F. Lettenmeyer** in München.

Vorgelegt von O. Perron in der Sitzung am 6. Juli 1929.

§ 1. Stellung der Aufgabe.

In der folgenden Arbeit handelt es sich um Differentialgleichungssysteme der Form

$$\frac{d x_i}{d t} = f(t) \sum_{k=1}^{n} a_{ik} x_k + \varphi_i (x_1, \ldots, x_n, t) \qquad (i = 1, \ldots, n), \qquad \text{(I)}$$

bei denen das asymptotische Verhalten der Lösungen für reell gegen $+\infty$ wachsendes t untersucht werden soll.

Wir trennen in der Behandlung völlig die folgenden zwei Fragestellungen:

1. Die Existenz einer Lösung sei vorausgesetzt. Was läßt sich unter gewissen Voraussetzungen $\boldsymbol{A}$ über (I) von dem asymptotischen Verhalten dieser Lösung aussagen?

2. Unter welchen $\boldsymbol{A}$ enthaltenden Voraussetzungen $\boldsymbol{B}$ sind Lösungen der vorher diskutierten Art sicher vorhanden?

In der vorliegenden Mitteilung wird die erste, in einer später folgenden Mitteilung die zweite Fragestellung behandelt werden.

Voraussetzungen $\boldsymbol{A}$ über (I).

Für die x_i, die Konstanten a_{ik} und die Funktionen φ_i sind beliebige komplexe Werte zugelassen, jedoch seien die a_{ik} nicht alle gleich 0. t sei eine reelle Veränderliche.

$f(t)$ sei eine für alle $t \geqq t_0$ definierte reelle Funktion mit folgenden Eigenschaften:

$$f(t) \geqq 0;$$

es gebe eine Stammfunktion $F(t) = \int f(t)\,dt$ von $f(t)$;

$$F(t) \to +\infty \text{ mit } t \to +\infty.$$

Für einen gewissen Bereich $\mathfrak{B}$ der x_i und alle $t \geqq t_0$ sei jede Funktion φ_i definiert und habe die Eigenschaft:

Bei beliebig vorgegebenem $\varepsilon > 0$ ist

$$|\varphi_i| \leqq \varepsilon f(t) \sum_{k=1}^{n} |x_k|$$

für alle $t \geqq T_\varepsilon$ und alle Wertsysteme x_i eines Teilbereiches $\mathfrak{B}_\varepsilon$ von $\mathfrak{B}$. (Dabei kann o. B. d. A. bei $\varepsilon_2 < \varepsilon_1$ der Bereich $\mathfrak{B}_{\varepsilon_2}$ als Teilbereich von $\mathfrak{B}_{\varepsilon_1}$ angenommen werden; der Durchschnitt aller $\mathfrak{B}_\varepsilon$ darf leer sein; vgl. hiezu Annahme I S. 218).

Es sind also Nullstellen von $f(t)$ zugelassen; wegen $F(t) \to \infty$ sind dies nicht „zuletzt"[1]) alle t, wohl aber dürfen Nullstellen „immerwieder"[1]), sogar als ganze Strecken, auftreten; z. B. $f = \sin^2 t$.

Ist zuletzt $f(t) > 0$, so läßt sich durch Einführung von $F(t)$ als neue unabhängige Variable sofort (I) auf den Fall $f(t) \equiv 1$ zurückführen. Für unsere Voraussetzung $f \geqq 0$ wäre dies mit Schwierigkeiten verknüpft, während in sämtlichen folgenden Beweisen auch nicht die geringste Einzelheit erspart oder abgeändert würde, wenn man den durchwegs nur als Faktor vorkommenden Buchstaben f wegließe bzw. F durch t ersetzte. Die Mitführung des Faktors f ist also wohl bequemer, was die Voraussetzung $f \geqq 0$ betrifft.

Bezüglich der Beweismethoden ist die Einführung der Funktion f völlig trivial gegenüber den bisherigen Bearbeitungen dieses

---

[1]) *„Zuletzt"* soll in dieser Arbeit stets heißen: für alle $t \geqq T$, wo T meist von einem vorgegebenen $\varepsilon > 0$ abhängen wird.

„Immerwieder" soll stets heißen: für eine Menge von t-Werten mit der oberen Grenze $+\infty$.

Gegenstandes, deren Verfasser sich auf den Fall „konstanter Koeffizienten“ (d. h. $f \equiv 1$) beschränkten[2]).

Doch werden damit Aussagen z. B. über Systeme der Form

$$\frac{d x_i}{d t} = \sum_{k=1}^{n} A_{ik}(t)\, x_k \qquad (i = 1, \ldots, n)$$

möglich, deren Koeffizienten $A_{ik}(t)$ Polynome von t oder $\sqrt{t}$ oder $\log t$ sind; denn es ist dann A_{ik} etwa von der Form

$$A_{ik} = a_{ik}\, t^{\mu} + \varphi_{ik}(t),$$

wo φ_{ik} die niedrigeren Polynomglieder bedeutet; dabei sind alle A_{ik} formal als Polynome gleichen Grades anzuschreiben. Man sieht sofort, daß mit

$$f(t) = t^{\mu}; \quad \varphi_i = \sum_{k=1}^{n} \varphi_{ik}\, x_k$$

alle Voraussetzungen A erfüllt sind; $\mathfrak{B}$ und jedes $\mathfrak{B}_\varepsilon$ ist der Bereich *aller* Wertsysteme (x_i).

Da sich später herausstellen wird, daß das asymptotische Verhalten einer Lösung nicht von den „Zusatzfunktionen“ φ_i abhängt, werden also in diesem Beispiel nur diejenigen Koeffizienten A_{ik} einen Einfluß ausüben, bei denen das höchste Polynomglied wirklich auftritt.

Zur Untersuchung von (I) bedient man sich einer linearen Transformation in ein einfacher gebautes System (II). Für die Behandlung des Systems (II) werden hier die von Herrn Perron in mehreren Arbeiten[3]) angewandten Methoden in vereinfachter Form

---

[2]) Die Resultate dieser Arbeit sind auch für $f \equiv 1$ durchweg neu; Vorgänger hatten lediglich Satz 3, der mit lim sup statt lim bekannt war, und Satz 6, von dem ein Teil in dem Spezialfall bekannt war, daß *sämtliche* charakteristische Wurzeln *verschiedene* Realteile haben (insbesondere sei darauf hingewiesen, daß in Satz 6 die Limesbeziehung für die Funktion $\log x(t)$ selbst, nicht nur für $\log |x(t)|$ aufgestellt ist). Im Fall der Poincaré-Perronschen Differentialgleichung (§ 9) gilt das Analoge von den Sätzen 10 und 11.

[3]) **1** Über lineare Differentialgleichungen, bei denen die unabhängig Variable reell ist. Journal für die reine und angewandte Mathematik. Erste Mitteilung Bd. 142 (1913), S. 254—270.

2 Zweite Mitteilung. Ebenda Bd. 143 (1913), S. 25—50.

3 Über das Verhalten der Integrale einer linearen Differentialgleichung bei großen Werten der unabhängig Variabeln. Mathematische Zeitschrift Bd. 1 (1918), S. 27—43.

4 Über Stabilität und asymptotisches Verhalten der Integrale von Differentialgleichungssystemen. Mathematische Zeitschrift Bd. 29 (1928), S. 129—160.

benützt werden. Für die Rückübertragung der Resultate auf (I) werden in § 3 Matrizen konstruiert, welche dem Problem besonders angepaßte lineare Transformationen liefern, nämlich solche, welche erlauben, Aussagen über nur einige Komponenten einer Lösung von (II) auf die entsprechenden Komponenten der zugehörigen Lösung von (I) zu übertragen. Damit wird sich dann der Fall charakteristischer Wurzeln mit teilweise gleichen Realteilen behandeln lassen.

§ 2. Über die Bestimmtheit der Konstanten a_{ik} und der Funktion f im System (I).

Die Konstanten a_{ik} und die Funktion f sind durch die Voraussetzungen A über die rechten Seiten von (I) *nicht* eindeutig festgelegt. Setzt man nämlich

$$\left.\begin{aligned} a^*_{ik} &= a\, a_{ik} && \text{mit } a > 0, \\ f^*(t) &= \left(\frac{1}{a} + \eta(t)\right) f(t) && \text{mit } \eta(t) \to 0 \text{ für } t \to \infty, \end{aligned}\right\} \quad (1)$$

wo $\eta(t)$ auch noch so gewählt ist, daß f^* dieselben Voraussetzungen wie f erfüllt, so läßt sich (I) in der Form schreiben:

$$x'_i = f^* \sum_k a^*_{ik}\, x_k + \varphi^*_i, \quad \text{wo} \quad \varphi^*_i = \varphi_i - a\,\eta\, f \sum_k a_{ik}\, x_k \quad {}^{4)},$$

und man sieht sofort, daß φ^*_i ebenfalls die für φ_i bestehende Voraussetzung erfüllt.

Die späteren Resultate über (I) müssen also richtig bleiben, wenn in ihnen die a_{ik} und f durch a^*_{ik} und ein f^* der Form (1) ersetzt werden. Man kann das bei den verschiedenen Sätzen leicht nachprüfen, wenn man u. a. berücksichtigt, daß sich bei einer solchen Ersetzung auch die charakteristischen Wurzeln der Matrix (a_{ik}) einfach mit a multiplizieren.

Es läßt sich nun unter gewissen Zusatzvoraussetzungen zu A zeigen, daß in (I) die a_{ik} und f *nur* den durch (1) angegebenen Spielraum haben; d. h. daß bei zwei Darstellungen der rechten Seiten von (I):

---

[4] $\sum$, $\sum_i$, $\sum_k$ soll stets die Summation von 1 bis n bedeuten.

$$f \sum_k a_{ik} x_k + \varphi_i = f^* \sum_k a_{ik}^* x_k + \varphi_i^* \qquad (i = 1, \ldots, n) \qquad (2)$$

notwendig Beziehungen der Form (1) bestehen müssen.

Als solche Zusatzvoraussetzungen können nähere Angaben über die Beschaffenheit der Bereiche $\mathfrak{B}_\varepsilon$ dienen; z. B. genügt es anzunehmen, daß jedes $\mathfrak{B}_\varepsilon$ ein Bereich $0 < \sum |x_i| < \delta_\varepsilon$ ist, wo δ_ε (> 0) mit ε beliebig klein werden darf. Im folgenden soll der Beweis zugleich für eine Zusatzvoraussetzung anderer Art durchgeführt werden, wie sie später beim Existenzbeweis ohnehin gemacht werden muß, nämlich:

Bei beliebig vorgegebenem $\varepsilon > 0$ sei

$$|\varphi_i(x_1, \ldots, x_n, t) - \varphi_i(\xi_1, \ldots, \xi_n, t)| \leqq \varepsilon f \sum_k |x_k - \xi_k|$$

für alle Wertsysteme (x_i) und (ξ_i) aus $\mathfrak{B}_\varepsilon$ und $t \geqq T_\varepsilon$. Ebenso für φ_i^* und dasselbe $\mathfrak{B}_\varepsilon$.

Beweis:

$x_1, \ldots, x_\varkappa, \ldots, x_n$ und $x_1, \ldots, x_\varkappa + h, \ldots, x_n$ $(\varkappa = 1, \ldots, n)$

seien zwei Punkte von $\mathfrak{B}_\varepsilon$; $h \neq 0$. Für beide werde die Beziehung (2) angeschrieben. Subtraktion dieser beiden Gleichungen und sodann Anwendung der soeben vorausgesetzten Abschätzungen liefert ($|h|$ ist wegdividiert):

$$|f a_{i\varkappa} - f^* a_{i\varkappa}^*| \leqq \varepsilon (f + f^*) \text{ für } t \geqq T_\varepsilon. \qquad (3)$$

(Auf diese Beziehung kommt man bei der zuerst genannten Zusatzvoraussetzung sofort durch Einsetzung des Punktes ($x_i = 0$ für $i \neq \varkappa$, $x_\varkappa = h$) in (2).)

Hieraus folgt zunächst, daß zuletzt f und f^* nur beide $= 0$ oder beide $\neq 0$ sein können. Denn gäbe es eine wachsende Zahlenfolge $t_\nu \to \infty$ mit (etwa) $f(t_\nu) > 0$, $f^*(t_\nu) = 0$, so wäre nach (3) zuletzt

$$|a_{i\varkappa}| \leqq \varepsilon,$$

was für ein $a_{i\varkappa} \neq 0$ (ein solches gibt es) bei hinreichend kleinem ε ein Widerspruch ist.

Lassen wir t nur durch diejenigen Werte gegen ∞ streben, für welche nicht $f = f^* = 0$ ist, — und es gibt beliebig große solche Werte wegen $F \to \infty$ — so besagt (3):

$$\frac{f a_{ik} - f^* a_{ik}^*}{f + f^*} \to 0 \qquad \text{für alle } i, k.$$

Umgeformt:

$$\frac{f^*}{f + f^*}(a_{ik} + a_{ik}^*) \to a_{ik}.$$

Hieraus ist ersichtlich, daß für jedes $a_{ik} \neq 0$ auch $a_{ik} + a_{ik}^* \neq 0$ sein muß, sodaß eine weitere Umformung liefert:

$$\frac{f}{f^*} \to \frac{a_{ik}^*}{a_{ik}} = \alpha \qquad \text{für jedes } a_{ik} \neq 0.$$

Ebenso wird bewiesen:

$$\frac{f^*}{f} \to \frac{a_{ik}}{a_{ik}^*} = \beta \qquad \text{für jedes } a_{ik}^* \neq 0.$$

Somit $\alpha \beta = 1$, also $\alpha \neq 0$ und wegen $f > 0$, $f^* > 0$:

$$\alpha > 0.$$

Die Beziehung $a_{ik}^* = \alpha\, a_{ik}$ ist also sichergestellt, wenn von a_{ik} und a_{ik}^* mindestens eines $\neq 0$ ist; für $a_{ik} = a_{ik}^* = 0$ ist sie ebenfalls richtig.

Schreiben wir endlich die Beziehung $\frac{f^*}{f} \to \frac{1}{\alpha}$ in der Form

$$f^* = \left(\frac{1}{\alpha} + \eta\right) f, \quad \text{wo} \quad \eta(t) \to 0,$$

so gilt diese Gleichung auch für die bis jetzt ausgelassenen t-Werte, für welche η sogar noch beliebig bleibt.

§ 3. Sätze über Matrizen.

Die charakteristischen Wurzeln der Matrix (a_{ik}), d. h. die Nullstellen des Polynoms von ϱ:

$$\begin{vmatrix} a_{11} - \varrho & a_{12} & \dots & a_{1n} \\ a_{21} & a_{22} - \varrho & \dots & a_{2n} \\ \dots & \dots & \dots & \dots \\ a_{n1} & a_{n2} & \dots & a_{nn} - \varrho \end{vmatrix},$$

seien in irgend einer vorgegebenen Reihenfolge mit $\varrho_1, \dots, \varrho_n$ bezeichnet.

Wir benötigen für später eine Matrix (b_{ik}) mit von Null verschiedener Determinante, welche zunächst folgendes leistet:

$$(b_{ik})^{-1}(a_{ik})(b_{ik}) = \begin{pmatrix} \varrho_1 & c_{12} & \dots & c_{1n} \\ c_{21} & \varrho_2 & \dots & c_{2n} \\ \dots & \dots & \dots & \dots \\ c_{n1} & c_{n2} & \dots & \varrho_n \end{pmatrix}, \tag{4}$$

mit $|c_{ik}| < c$, wo $c > 0$ beliebig klein vorgeschrieben ist.

Eine solche Matrix (b_{ik}) kann leicht angegeben werden; man kann z. B. bekanntlich (wird aber hier nicht benützt) auf mannigfache Art (b_{ik}) so bestimmen, daß (4) besteht und alle c_{ik} mit $i < k$ gleich 0 sind. Diese Beziehung bleibt dann richtig, wenn man jedes b_{ik} durch

$$b_{ik} M^k$$

und jedes c_{ik} $(i > k)$ durch

$$\frac{c_{ik}}{M^{i-k}}$$

ersetzt. Ein hinreichend groß gewähltes $M > 0$ gestattet also alle $|c_{ik}|$ beliebig klein zu machen[5]).

Diese Eigenschaften der Matrix (b_{ik}) reichen für den späteren Satz 3 aus. Für die weitere Untersuchung soll aber die Matrix (b_{ik}) außerdem noch die Eigenschaft haben, daß gewisse b_{ik} an vorgeschriebenen Plätzen gleich 0 sind. Dazu dienen die folgenden Sätze 1 und 2.

Vorbemerkung: Wir sagen, eine in einer Matrix vom Range r enthaltene Determinante „trage zum Range bei“, wenn es in dieser Matrix eine r-reihige nichtverschwindende Determinante gibt, in welcher die erstgenannte Determinante als Minor vorkommt.

Dann gilt: Jede in einer Matrix enthaltene nichtverschwindende Determinante trägt zum Range bei.

Beweis: Die vorgegebene nichtverschwindende Determinante sei ν-reihig. Für $\nu = r$ ist die Behauptung evident. Ist $\nu < r$,

[5]) Es läßt sich auch erreichen, daß mit den $|c_{ik}|$ auch die $|b_{ik}|$ beliebig klein werden, da (4) ungeändert bleibt, wenn alle b_{ik} mit dem gleichen Faktor multipliziert werden.

so verschwinden bekanntlich[6]) nicht alle $(\nu+1)$-reihigen Determinanten der Matrix, in welchen die gegebene Determinante als Minor vorkommt. Es gibt also eine $(\nu+1)$-reihige nichtverschwindende Determinante der Matrix, in welcher die gegebene als Minor vorkommt. Für $\nu+1=r$ ist dies die Behauptung; für $\nu+1<r$ ist derselbe Schluß wiederholt anzuwenden.

Der folgende Satz handelt von quadratischen Matrizen (a_{ik}), deren Elemente a_{ik} *Zahlen* sind; $i\,(i=1,\ldots,n)$ ist der Zeilenindex, $k\,(k=1,\ldots,n)$ der Kolonnenindex.

In einer solchen Matrix werden wir nach Bedarf zwei Zeilen *und gleichzeitig* die entsprechenden (d. h. mit denselben Nummern versehenen) Kolonnen vertauschen. Die Ausführung mehrerer solcher Schritte, deren jeder also aus zwei Vertauschungen besteht, wollen wir hier eine „*Umordnung*" der Matrix nennen. In dieser Benennung sei auch inbegriffen, daß überhaupt keine Vertauschung vorgenommen wird.

Bei einer solchen Umordnung wird die Hauptdiagonale in sich permutiert, was zur Folge hat, daß die umgeordnete Matrix dieselbe charakteristische Gleichung und mithin dieselben charakteristischen Wurzeln besitzt wie die ursprüngliche.

Es gilt nun folgender

Satz 1: Jede Matrix (a_{ik}) läßt sich in dem eben erklärten Sinn in eine Matrix (a'_{ik}) umordnen, zu welcher sich eine Matrix (b_{ik}) mit folgenden Eigenschaften bestimmen läßt:

$$b_{ik}=0 \quad \text{für} \quad i<k,$$
$$b_{ii}\neq 0 \quad \text{für} \quad i=1,\ldots,n;$$

$$(b_{ik})^{-1}(a'_{ik})(b_{ik})=\begin{pmatrix} \varrho_1 & c_{12} & c_{13} & \ldots & c_{1n} \\ 0 & \varrho_2 & c_{23} & \ldots & c_{2n} \\ \ldots & \ldots & \ldots & \ldots & \ldots \\ 0 & 0 & 0 & \ldots & \varrho_n \end{pmatrix},$$

wo $\varrho_1,\ldots,\varrho_n$ die charakteristischen Wurzeln von (a_{ik}) in irgend einer fest vorgegebenen Numerierung sind.

---

[6]) Vgl. z B. Bôcher, Einführung in die höhere Algebra, 1910, Kap. V, Satz 1.

Diese Matrixbeziehung läßt sich so schreiben:

$$\begin{pmatrix} a'_{11} \dots a'_{1n} \\ \dots\dots\dots \\ a'_{n1} \dots a'_{nn} \end{pmatrix} \begin{pmatrix} b_{11} & 0 & 0 \dots 0 \\ b_{21} & b_{22} & 0 \dots 0 \\ \dots & \dots & \dots \\ b_{n1} & b_{n2} & \dots b_{nn} \end{pmatrix} = \begin{pmatrix} b_{11} & 0 & 0 \dots 0 \\ b_{21} & b_{22} & 0 \dots 0 \\ \dots & \dots & \dots \\ b_{n1} & b_{n2} & \dots b_{nn} \end{pmatrix} \begin{pmatrix} \varrho_1 & c_{12} & \dots & c_{1n} \\ 0 & \varrho_2 & \dots & c_{2n} \\ \dots & \dots & \dots & \dots \\ 0 & 0 & \dots & \varrho_n \end{pmatrix},$$

ist also die Gesamtheit folgender n^2 Gleichungen für die n^2 Unbekannten b_{ik} mit $i \geqq k$ und c_{ik} mit $i < k$:

$$\sum_{s=k}^{n} a_{is} b_{sk} = \sum_{s=1}^{k-1} b_{is} c_{sk} + b_{ik} \varrho_k, \qquad (i, k = 1, \dots, n),$$

wobei für $i < k$ $b_{ik} = 0$ zu setzen ist; $\sum\limits_{1}^{0}$ bedeutet 0.

Zum Beweis unseres Satzes fassen wir die Gleichungen mit gleichem Index k zu einem System zusammen und erhalten so für $k = 1, 2, \dots, n$ gewisse n Gleichungssysteme, von denen wir jetzt zeigen werden, daß sie sich nacheinander mit $b_{ii} \neq 0$ nach den vorhin genannten Unbekannten auflösen lassen.

Erster Schritt: Das Gleichungssystem mit $k = 1$ lautet:

$$\left.\begin{aligned} (a_{11} - \varrho_1) b_{11} + a_{12} b_{21} + \dots + a_{1n} b_{n1} &= 0 \\ a_{21} b_{11} + (a_{22} - \varrho_1) b_{21} + \dots + a_{2n} b_{n1} &= 0 \\ \dots\dots\dots\dots\dots\dots\dots\dots\dots\dots \\ a_{n1} b_{11} + a_{n2} b_{21} + \dots + (a_{nn} - \varrho_1) b_{n1} &= 0. \end{aligned}\right\} \quad (5)$$

Unter $\mathfrak{A}_1^{(\nu)}$ verstehen wir diejenige Matrix, welche aus der Matrix

$$\mathfrak{A}_1 = \begin{pmatrix} a_{11} - \varrho_1 & a_{12} & \dots & a_{1n} \\ a_{21} & a_{22} - \varrho_1 & \dots & a_{2n} \\ \dots & \dots & \dots & \dots \\ a_{n1} & a_{n2} & \dots & a_{nn} - \varrho_1 \end{pmatrix}$$

durch Weglassung der ν-ten Kolonne entsteht. Dann ist notwendig und hinreichend für die Auflösbarkeit von (5) nach $b_{11}, b_{21}, \dots, b_{n1}$ mit $b_{11} \neq 0$, daß die Matrizen $\mathfrak{A}_1$ und $\mathfrak{A}_1^{(1)}$ gleichen Rang haben. Dies braucht jedoch von vornherein nicht der Fall zu sein.

Nun hat $\mathfrak{A}_1$ einen Rang $r_1 < n$; jede r_1-reihige Determinante aus $\mathfrak{A}_1$ ist also in mindestens einer der Matrizen $\mathfrak{A}_1^{(\nu)}$ $(\nu = 1, \dots, n)$

enthalten; es gibt also mindestens eine Matrix $\mathfrak{A}_1^{(\nu)}$ von gleichem Range wie $\mathfrak{A}_1$. $\mathfrak{A}_1^{(\mu_1)}$ sei eine solche. Wir vertauschen nun in der Matrix $\mathfrak{A} = (a_{ik})$ 1. und μ_1-te Zeile und 1. und μ_1-te Kolonne; $\mathfrak{A}'$ sei die so umgeordnete Matrix. Werden nun die bisherigen Überlegungen und Bezeichnungen auf $\mathfrak{A}'$ angewandt, so ergibt sich, daß $\mathfrak{A}_1'$ und $\mathfrak{A}_1'^{(1)}$ gleichen Rang haben; denn die Matrizen $\mathfrak{A}_1^{(\mu_1)}$ und $\mathfrak{A}_1'^{(1)}$ unterscheiden sich nur durch eine Zeilen- und Kolonnenvertauschung.

Unter Rückkehr zur ursprünglichen Bezeichnung setzen wir also voraus, daß $\mathfrak{A}_1$ und $\mathfrak{A}_1^{(1)}$ gleichen Rang haben, und können nun das System (5) mit $b_{11} \neq 0$ auflösen; $b_{11}, \ldots, b_{n1}$ sind von jetzt an bekannte Zahlen.

In der Matrix $\mathfrak{A}$ stehen jetzt immer noch Vertauschungen innerhalb der 2. bis n-ten Zeile und Kolonne frei, da hiedurch der Rang von $\mathfrak{A}_1^{(1)}$ nicht geändert wird.

Zweiter Schritt: Das Gleichungssystem mit $k = 2$ lautet:

$$\left.\begin{array}{l} b_{11}(-c_{12}) + a_{12} b_{22} + \ldots + a_{1n} b_{n2} = 0 \\ b_{21}(-c_{12}) + (a_{22} - \varrho_2) b_{22} + \ldots + a_{2n} b_{n2} = 0 \\ \ldots\ldots\ldots\ldots\ldots\ldots\ldots\ldots\ldots \\ b_{n1}(-c_{12}) + a_{n2} b_{22} + \ldots + (a_{nn} - \varrho_2) b_{n2} = 0. \end{array}\right\} \quad (6)$$

Von der Matrix dieses Gleichungssystems

$$\mathfrak{A}_2 = \begin{pmatrix} b_{11} & a_{12} & \ldots a_{1n} \\ b_{21} & a_{22} - \varrho_2 & \ldots a_{2n} \\ \ldots & \ldots & \ldots \\ b_{n1} & a_{n2} & \ldots a_{nn} - \varrho_2 \end{pmatrix}$$

zeigen wir zunächst, daß sie einen Rang $r_2 < n$ hat.

Addiert man in der Determinante

$$\begin{vmatrix} b_{11}(\varrho - \varrho_1) & a_{12} & \ldots a_{1n} \\ b_{21}(\varrho - \varrho_1) & a_{22} - \varrho & \ldots a_{2n} \\ \ldots & \ldots & \ldots \\ b_{n1}(\varrho - \varrho_1) & a_{n2} & \ldots a_{nn} - \varrho \end{vmatrix},$$

wo ϱ eine Variable ist, für $k = 2, \ldots, n$ zur 1. Kolonne die mit b_{k1} multiplizierte k-te Kolonne, so erhält man unter Verwendung der Gleichungen (5):

$$-b_{11}\cdot\begin{vmatrix} a_{11}-\varrho & a_{12} & \dots a_{1n} \\ a_{21} & a_{22}-\varrho & \dots a_{2n} \\ \dots & \dots & \dots \\ a_{n1} & a_{n2} & \dots a_{nn}-\varrho \end{vmatrix} = b_{11}(-1)^{n+1}(\varrho-\varrho_1)(\varrho-\varrho_2)\dots(\varrho-\varrho_n).$$

Es besteht also die Identität:

$$\begin{vmatrix} b_{11} & a_{12} & \dots a_{1n} \\ b_{21} & a_{22}-\varrho & \dots a_{2n} \\ \dots & \dots & \dots \\ b_{n1} & a_{n2} & \dots a_{nn}-\varrho \end{vmatrix} = (-1)^{n+1}\, b_{11}\,(\varrho-\varrho_2)\cdots(\varrho-\varrho_n),$$

woraus $|\mathfrak{A}_2| = 0$ folgt.

Wir verstehen wiederum unter $\mathfrak{A}_2^{(\nu)}$ diejenige Matrix, welche aus $\mathfrak{A}_2$ durch Weglassung der ν-ten Kolonne entsteht. Notwendig und hinreichend für die Auflösbarkeit von (6) nach c_{12}, b_{22}, $b_{32}, \dots, b_{n2}$ mit $b_{22} \neq 0$ ist, daß die Matrizen $\mathfrak{A}_2$ und $\mathfrak{A}_2^{(2)}$ gleichen Rang haben. Dies braucht jedoch von vornherein nicht der Fall zu sein.

Nun trägt nach der Vorbemerkung das Element b_{11}, weil $\neq 0$, zum Range r_2 der Matrix $\mathfrak{A}_2$ bei. Es gibt also in $\mathfrak{A}_2$ eine nichtverschwindende r_2-reihige Determinante, an welcher die 1. Kolonne von $\mathfrak{A}_2$ beteiligt ist. Wegen $r_2 < n$ ist diese Determinante in mindestens einer der Matrizen $\mathfrak{A}_2^{(\nu)}$ ($\nu = 2, \dots, n$) enthalten. Es gibt also mindestens eine Matrix $\mathfrak{A}_2^{(\nu)}$ ($\nu \geqq 2$) von gleichem Range wie $\mathfrak{A}_2$. $\mathfrak{A}_2^{(\mu_2)}$ sei eine solche. Analog wie beim 1. Schritt erkennt man nun, daß man nur in der Matrix (a_{ik}) die 2. und μ_2-te Zeile und die 2. und μ_2-te Kolonne zu vertauschen braucht, um, unter Rückkehr zur ursprünglichen Bezeichnung, zu bewirken, daß gerade $\mathfrak{A}_2$ und $\mathfrak{A}_2^{(2)}$ von gleichem Range sind. Das System (3) läßt sich nun mit $b_{22} \neq 0$ auflösen; $c_{12}, b_{22}, \dots, b_{n2}$ sind von jetzt an bekannte Zahlen.

In der Matrix $\mathfrak{A}$ stehen jetzt noch Vertauschungen innerhalb der 3. bis n-ten Zeile und Kolonne frei.

Induktionsannahme: Die Gleichungssysteme bis $k = \varkappa - 1 \geqq 2$ einschließlich seien aufgelöst; alle b_{ik} und c_{ik} mit $k \leqq \varkappa - 1$ sind bekannte Zahlen; die b_{ii} ($i \leqq \varkappa - 1$) seien insbesondere alle $\neq 0$. Ferner sei die Identität in ϱ

$$\begin{vmatrix} b_{11} & 0 & 0 & . & . & 0 & a_{1k} & . & . & . & a_{1n} \\ b_{21} & b_{22} & 0 & . & . & 0 & a_{2k} & . & . & . & . \\ . & . & . & . & . & . & . & . & . & . & . \\ b_{k-1,1} & . & . & . & . & b_{k-1,k-1} & a_{k-1,k} & . & . & . & . \\ b_{k1} & . & . & . & . & b_{k,k-1} & a_{kk}-\varrho & . & . & . & a_{kn} \\ . & . & . & . & . & . & . & . & . & . & . \\ b_{n1} & . & . & . & . & b_{n,k-1} & a_{nk} & . & . & . & a_{nn}-\varrho \end{vmatrix}$$

$$= (-1)^{n+k+1}\, b_{11} b_{22} \cdots b_{k-1,k-1} (\varrho - \varrho_k) \cdots (\varrho - \varrho_n)$$

für $k \leqq \varkappa - 1$ bewiesen (für $k = 2$ ist es die beim 2. Schritt hergeleitete Identität). Schließlich sollen in der Matrix $\mathfrak{A}$ noch Vertauschungen innerhalb der $\varkappa$-ten bis n-ten Zeile und Kolonne freistehen.

$\varkappa$-ter Schritt: Das Gleichungssystem mit $k = \varkappa$ ist ein System von n linearen homogenen Gleichungen für die Unbekannten

$$-c_{1\varkappa}, -c_{2\varkappa}, \ldots, -c_{\varkappa-1,\varkappa}, b_{\varkappa\varkappa}, b_{\varkappa+1,\varkappa}, \ldots, b_{n\varkappa}$$

mit der Matrix

$$\mathfrak{A}_\varkappa = \begin{pmatrix} b_{11} & 0 & 0 & . & . & 0 & a_{1\varkappa} & . & . & . & a_{1n} \\ b_{21} & b_{22} & 0 & . & . & 0 & a_{2\varkappa} & . & . & . & . \\ . & . & . & . & . & . & . & . & . & . & . \\ b_{\varkappa-1,1} & . & . & . & . & b_{\varkappa-1,\varkappa-1} & a_{\varkappa-1,\varkappa} & . & . & . & . \\ b_{\varkappa 1} & . & . & . & . & b_{\varkappa,\varkappa-1} & a_{\varkappa\varkappa}-\varrho_\varkappa & . & . & . & a_{\varkappa n} \\ . & . & . & . & . & . & . & . & . & . & . \\ b_{n1} & . & . & . & . & b_{n,\varkappa-1} & a_{n\varkappa} & . & . & . & a_{nn}-\varrho_\varkappa \end{pmatrix}.$$

Wir beweisen zunächst die Identität für $k = \varkappa$. Die Rechnung ist ähnlich wie beim 2. Schritt: Man geht aus von der mit $(\varrho - \varrho_{\varkappa-1})$ multiplizierten Determinante auf der linken Seite der Behauptung, wobei der Faktor $\varrho - \varrho_{\varkappa-1}$ in die $(\varkappa - 1)$-te Kolonne hineingenommen wird. Nun addiert man zu dieser Kolonne für jedes $k < \varkappa - 1$ die mit $(-c_{k,\varkappa-1})$ multiplizierte und für jedes $k > \varkappa - 1$ die mit $b_{k,\varkappa-1}$ multiplizierte k-te Kolonne. Unter Verwendung der Gleichungen $(\varkappa - 1)$ reduziert sich dann die $(\varkappa - 1)$-te Kolonne auf folgende Elemente:

$$\begin{aligned}
&- b_{\varkappa-1,\varkappa-1}\, a_{1,\varkappa-1}\\
&\quad \cdot\quad \cdot\quad \cdot\quad \cdot\quad \cdot\quad \cdot\quad \cdot\\
&- b_{\varkappa-1,\varkappa-1}\, a_{\varkappa-2,\varkappa-1}\\
&- b_{\varkappa-1,\varkappa-1}\, (a_{\varkappa-1,\varkappa-1} - \varrho)\\
&\quad \cdot\quad \cdot\quad \cdot\quad \cdot\quad \cdot\quad \cdot\quad \cdot\\
&- b_{\varkappa-1,\varkappa-1}\, a_{n,\varkappa-1};
\end{aligned}$$

man erhält also einfach die Determinante auf der linken Seite der Identität für $k = \varkappa - 1$, noch versehen mit dem Faktor $(- b_{\varkappa-1,\varkappa-1})$. Daraus ergibt sich nach Weghebung des Faktors $\varrho - \varrho_{\varkappa-1}$ sofort die Identität für $k = \varkappa$.

Aus ihr folgt $|\mathfrak{A}_\varkappa| = 0$; der Rang $r_\varkappa$ von $\mathfrak{A}_\varkappa$ ist also $< n$. Die Determinante

$$\begin{vmatrix}
b_{11} & 0 \;\ldots\; 0 \\
b_{21} & b_{22} \ldots 0 \\
\ldots & \ldots \\
b_{\varkappa-1,1} & \ldots\, b_{\varkappa-1,\varkappa-1}
\end{vmatrix}$$

ist nach den Induktionsannahmen $\neq 0$, muß also nach der Vorbemerkung zum Range der Matrix $\mathfrak{A}_\varkappa$ beitragen. Es gibt also in $\mathfrak{A}_\varkappa$ eine nichtverschwindende $r_\varkappa$-reihige Determinante, an welcher die ersten $\varkappa - 1$ Kolonnen beteiligt sind.

Die weiteren Überlegungen sind nun denen des 1. und 2. Schrittes so ähnlich, daß sie nicht weiter ausgeführt zu werden brauchen. —

n-ter Schritt: Die beim $\varkappa$. Schritt angestellten Überlegungen sind auch für $\varkappa = n$ gültig, werden jedoch zuletzt einfacher: Die Determinante

$$\begin{vmatrix}
b_{11} & 0 \;\ldots\; 0 \\
b_{21} & b_{22} \ldots 0 \\
\ldots & \ldots \\
b_{n-1,1} & \ldots\, b_{n-1,n-1}
\end{vmatrix}$$

ist $\neq 0$ und lehrt, daß die Matrizen $\mathfrak{A}_n$ und $\mathfrak{A}_n^{(n)}$ denselben Rang, nämlich $n - 1$, haben. Das Gleichungssystem mit $k = n$ ist also mit $b_{nn} \neq 0$ auflösbar, ohne daß in $\mathfrak{A}$ nochmals Vertauschungen vorgenommen werden müßten; solche stehen ohnehin beim letzten Schritt nicht mehr zur Verfügung.

Zusatz zu Satz 1: Ist $c > 0$ beliebig klein vorgegeben, so können die Zahlen c_{ik} so bestimmt werden, daß sie alle der Bedingung $|c_{ik}| < c$ genügen.

Das ist klar, da ja die b_{ik} und c_{ik} nur homogenen linearen Gleichungen zu genügen haben.

Für die spätere Anwendung ist eine kleine Verallgemeinerung des Satzes 1 nötig. In der unmittelbar hinter Satz 1 stehenden Matrixbeziehung ersetzen wir

die 1. Zeile durch die $(n - m + 1)$-te Zeile, $(1 \leqq m \leqq n)$,
„ 2. „ „ „ $(n - m + 2)$ „ „ ,
. . . .
„ m. „ „ „ n „ „ ,
„ $(m + 1)$-te Zeile durch die 1. Zeile
. . . .
„ n „ „ „ „ $(n - m)$-te „ ;

entsprechend für die Kolonnen; dies sind Umordnungen im früheren Sinn. Die neu erhaltene Matrixbeziehung ist offenbar dieselbe Gesamtheit von n^2 Zahlengleichheiten, also wiederum richtig. Die aus (a'_{ik}) hervorgehende Matrix (a''_{ik}) ist selbst wieder eine durch Umordnung aus (a_{ik}) erhaltene Matrix. Für die b_{ik} und c_{ik} ist es lediglich eine Änderung der Bezeichnung, wenn ihre Indizes so geändert werden, daß sie wieder Zeilen- und Kolonnennummer angeben, wobei zu beachten ist, daß die b_{ii} der Hauptdiagonale nur unter sich permutiert wurden. Ebenso führen wir für die neu entstandene Hauptdiagonale $\varrho_{n-m+1}, \ldots, \varrho_n, \varrho_1, \ldots, \varrho_{n-m}$ wieder die Bezeichnung $\varrho_1, \ldots, \varrho_n$ ein, was auch jetzt wieder eine beliebige Numerierung der charakteristischen Wurzeln ist.

Damit ist erhalten

Satz 2: Jede Matrix (a_{ik}) läßt sich in dem oben erklärten Sinn in eine Matrix (a''_{ik}) umordnen, zu welcher sich bei vorgegebenem m $(1 \leqq m \leqq n - 1)$ eine Matrix (b_{ik}) mit folgenden Eigenschaften bestimmen läßt:

1. Sie hat die Form

$$\begin{pmatrix} b_{11} & 0 & 0 & \dots & 0 & b_{1,m+1} & b_{1,m+2} & \dots & b_{1n} \\ b_{21} & b_{22} & 0 & \dots & 0 & b_{2,m+1} & b_{2,m+2} & \dots & b_{2n} \\ \dots & \dots & \dots & \dots & \dots & \dots & \dots & \dots & \dots \\ b_{m1} & b_{m2} & & \dots & b_{mm} & b_{m,m+1} & b_{m,m+2} & \dots & b_{mn} \\ 0 & \dots & & \dots & 0 & b_{m+1,m+1} & 0 & 0 \dots & 0 \\ 0 & \dots & & \dots & 0 & b_{m+2,m+1} & b_{m+2,m+2} & 0 \dots & 0 \\ \dots & \dots & \dots & \dots & \dots & \dots & \dots & \dots & \dots \\ 0 & \dots & & \dots & 0 & b_{n,m+1} & b_{n,m+1} & \dots & b_{nn} \end{pmatrix}$$

2. $b_{ii} \neq 0$ für $i = 1, \dots, n$; also Determinante $|b_{ik}| \neq 0$.

3. $(b_{ik})^{-1} (a''_{ik}) (b_{ik})$

$$= \begin{pmatrix} \varrho_1 & c_{12} & c_{13} & \dots & c_{1m} & 0 & \dots & & 0 \\ 0 & \varrho_2 & c_{23} & \dots & c_{2m} & 0 & \dots & & 0 \\ \dots & \dots & \dots & \dots & \dots & \dots & \dots & \dots & \dots \\ 0 & 0 & 0 & \dots & \varrho_m & 0 & \dots & & 0 \\ c_{m+1,1} & c_{m+1,2} & & \dots & c_{m+1,m} & \varrho_{m+1} & c_{m+1,m+2} & \dots & c_{m+1,n} \\ c_{m+2,1} & c_{m+2,2} & & \dots & c_{m+2,m} & 0 & \varrho_{m+2} & c_{m+2,m+3} \dots & c_{m+2,n} \\ \dots & \dots & \dots & \dots & \dots & \dots & \dots & \dots & \dots \\ c_{n1} & c_{n2} & \dots & \dots & c_{nm} & 0 & 0 & 0 \;\dots & \varrho_n \end{pmatrix},$$

wo $\varrho_1, \dots, \varrho_n$ die charakteristischen Wurzeln von (a_{ik}) in irgendeiner fest vorgegebenen Numerierung sind. Ist $c > 0$ beliebig klein vorgegeben, so können die Zahlen c_{ik} so bestimmt werden, daß sie alle der Bedingung $|c_{ik}| < c$ genügen. Für $m = 0$ bedeute Satz 2 den Satz 1 mit Zusatz.

Anmerkung: Die in den obigen Matrizen stehenden Nullen sollen der einfacheren Schreibweise halber auch mit b_{ik} bzw. c_{ik} $(i \neq k)$ bezeichnet werden.

§ 4. Transformation des Systems (I).

Die zur Anwendung der Sätze 1 und 2 eventuell nötige Umordnung der Matrix (a_{ik}) kann von vornherein dadurch erreicht werden, daß im System (I) die Variabeln $x_1, \dots, x_n$ geeignet umnumeriert werden. Wird nämlich $x_\alpha = \xi_\beta$ $(\alpha < \beta)$, $x_\beta = \xi_\alpha$ und im übrigen $x_i = \xi_i$ gesetzt und (I) in der Form

$$\xi_i' = f \sum_k a_{ik}' \xi_k + \varphi_i(\ldots, \xi_\beta, \ldots, \xi_\alpha, \ldots, t) \qquad ^4)$$

geschrieben, so entsteht (a_{ik}') aus (a_{ik}) gerade durch Vertauschung der α-ten Zeile mit der β-ten und der α-ten Kolonne mit der β-ten.

Unter Voraussetzung dieser geeigneten Numerierung der x_i dürfen wir also die Sätze 1 und 2 in der Form der Beziehung (4) anwenden. Übrigens werden sich die meisten der späteren Ergebnisse unabhängig von dieser für die Beweise eventuell nötigen Umnumerierung aussprechen lassen; in konkreten Fällen werden geeignete Umnumerierungen stets festgestellt werden.

Die lineare Transformation

$$x_i = \sum_k b_{ik} y_k \tag{7}$$

führt das System (I) über in

$$y_i' = \varrho_i f y_i + \sum_{\substack{k=1 \\ k \neq i}}^{n} c_{ik} f y_k + \psi_i(y_1, \ldots, y_n, t); \qquad (i = 1, \ldots, n) \tag{II}$$

dabei ist, wenn $(b_{ik})^{-1} = (b_{ik}')$ gesetzt wird:

$$\psi_i = \sum_k b_{ik}' \varphi_k,$$

woraus leicht folgt, daß jede Funktion ψ_i für alle $t \geqq t_0$ und in dem mittels (7) dem Bereich $\mathfrak{B}$ entsprechenden Bereich $\mathfrak{B}^*$ der Wertsysteme (y_i) definiert ist und die Eigenschaft hat: Bei vorgegebenem $\varepsilon > 0$ ist

$$|\psi_i| \leqq \varepsilon f \sum |y_k|$$

für alle $t \geqq T_\varepsilon$ und alle Wertsysteme (y_i) des Bildbereiches $\mathfrak{B}_\varepsilon^*$ von $\mathfrak{B}_\varepsilon$.

(I) und (II) sind *äquivalent* in dem Sinn, daß jeder Lösung von (I) eine Lösung von (II) mittels (7) umkehrbar eindeutig entspricht.

Hat speziell (I) eine Lösung, welche für alle $t \geqq t_0$ vorhanden ist und deren x_i zuletzt für keine Stelle t sämtlich verschwinden, so gilt für die entsprechende Lösung von (II) dasselbe und umgekehrt.

Für solche Lösungen ist

$$\limsup_{t\to\infty} \frac{\log \sum |x_i|}{F} = \limsup_{t\to\infty} \frac{\log \sum |y_i|}{F},$$

wie man auf Grund der Ungleichungen

$$\frac{1}{n\beta}\sum|y_i| \leqq \sum|x_i| \leqq n\beta\sum|y_i|$$

(β = Maximum der absoluten Beträge aller b_{ik} und b'_{ik}) und der Beziehung $F(t) \to \infty$ leicht beweist.

Ebenso für lim inf.

Ferner folgt aus

$$\sum|x_i|^2 \leqq \left(\sum|x_i|\right)^2 \leqq n\sum|x_i|^2:$$

$$\limsup_{t\to\infty}\frac{\log\sum|x_i|}{F} = \tfrac{1}{2}\limsup\frac{\log\sum|x_i|^2}{F}.$$

Ebenso für lim inf.

Folgende vier Ausdrücke haben also denselben Zahlwert, der mit L bezeichnet sei:

$$L = \limsup_{t\to\infty}\frac{\log\sum|x_i|}{F} = \tfrac{1}{2}\limsup_{t\to\infty}\frac{\log\sum|x_i|^2}{F}$$

$$= \limsup_{t\to\infty}\frac{\log\sum|y_i|}{F} = \tfrac{1}{2}\limsup_{t\to\infty}\frac{\log\sum|y_i|^2}{F}.$$

Analog bezeichne l ($\leqq L$) den gemeinsamen Zahlwert der entsprechenden vier Ausdrücke mit lim inf.

§ 5. **Asymptotisches Verhalten einer Lösung von (I).**

Hilfssatz: $H(t)$ sei zuletzt positiv; f und F die in § 1 eingeführten Funktionen. Für jedes $\varepsilon > 0$ sei zuletzt

$$H' \leqq (a+\varepsilon)fH \quad \text{bzw.} \quad H' \geqq (a-\varepsilon)fH.$$

Dann ist

$$\limsup_{t\to\infty}\frac{\log H}{F} \leqq a \quad \text{bzw.} \quad \liminf_{t\to\infty}\frac{\log H}{F} \geqq a.$$

Beweis: Die erste Ungleichung ist gleichbedeutend mit

$$\frac{d}{dt}\left(e^{-(a+\varepsilon)F}H\right) \leqq 0;$$

die Funktion in der Klammer ist also zuletzt monoton abnehmend; mithin ist zuletzt

$$e^{-(a+\varepsilon)F} H \leqq C_\varepsilon \qquad (C_\varepsilon > 0),$$

woraus folgt:

$$\frac{\log H}{F} \leqq \frac{\log C_\varepsilon}{F} + a + \varepsilon \leqq a + 2\varepsilon \quad \text{zuletzt.}$$

Analog wird die zweite Behauptung bewiesen.

Anmerkung: Beim Beweis der zweiten Behauptung wird die Voraussetzung in

$$\frac{d}{dt}(e^{-(a-\varepsilon)F} H) \geqq 0$$

umgeformt. Wenn nun statt $H > 0$ (zuletzt) nur $H \geqq 0$ bekannt ist, so ersieht man hieraus, daß zuletzt entweder $H \equiv 0$ oder $H > 0$ sein muß.

Die ϱ_i seien so numeriert, daß

$$\Re(\varrho_1) \geqq \Re(\varrho_2) \geqq \ldots \geqq \Re(\varrho_n).$$ [7]

Annahme I: Es gebe eine Lösung $(x_i(t))$ des Systems (I), welche für alle $t \geqq t_0$ existiert und die jedem Bereich $\mathfrak{B}_\varepsilon$ zuletzt angehört.

Dann besitzt (II) nach § 4 eine entsprechende Lösung (y_i), welche mit der Lösung von (I) durch (7) zusammenhängt.

Da t eine reelle Veränderliche ist, gilt[7]

$$\frac{1}{2}\frac{d}{dt}|y_i|^2 = \Re\left(y_i \frac{d\bar{y}_i}{dt}\right).$$

Damit lassen sich bei vorgegebenem $\varepsilon > 0$ und $c > 0$ (alle $|c_{ik}| < c$) aus (II) folgende *zuletzt geltende* Ungleichungen gewinnen:

$$\frac{1}{2}\frac{d}{dt}|y_i|^2 \begin{cases} \leqq \Re(\varrho_i) f |y_i|^2 + (c+\varepsilon) f |y_i| \sum |y_k| \\ \geqq \Re(\varrho_i) f |y_i|^2 - (c+\varepsilon) f |y_i| \sum |y_k|. \end{cases} \tag{8}$$

Summation über $i = 1, \ldots, n$ und Benützung der Abschätzung

$$\sum_i \sum_k |y_i y_k| = (\sum |y_i|)^2 \leqq n \sum |y_i|^2 \tag{9}$$

liefert

---

[7]) $\Re(a)$ = reeller Teil der Zahl a;

$\mathfrak{J}(a) = \Re\left(\frac{a}{i}\right)$

$\bar{a}$ = konjugiert-komplexe Zahl zu a.

$$\frac{d}{dt}\sum|y_i|^2 \begin{cases} \leqq (2\,\Re(\varrho_1)+2nc+2n\varepsilon)f\sum|y_i|^2 & (10)\\ \geqq (2\,\Re(\varrho_n)-2nc-2n\varepsilon)f\sum|y_i|^2. & (11)\end{cases}$$

Aus (11) folgt nach der Anmerkung zum Hilfssatz, daß entweder zuletzt $\sum|y_i|^2 \equiv 0$, d. h. alle y_i und mithin alle x_i identisch verschwinden, oder zuletzt $\sum|y_i|^2 > 0$ ist, mithin zuletzt für keine Stelle t sämtliche x_i verschwinden. Wenn wir von dem ersten, trivialen Fall absehen, so folgt nach dem Hilfssatz:

$$\left.\begin{aligned} 2L &\leqq 2\,\Re(\varrho_1)+2nc\\ 2l &\geqq 2\,\Re(\varrho_n)-2nc.\end{aligned}\right\} \quad (12)$$

Da L und l von der Transformation, also von c, unabhängig sind und c eine beliebig kleine positive Zahl sein kann, folgt hieraus

$$L \leqq \Re(\varrho_1), \qquad l \geqq \Re(\varrho_n).$$

Ist $l = \Re(\varrho_1)$, so ist also $l = L = \Re(\varrho_1)$.

Andernfalls gibt es ein m mit $1 \leqq m \leqq n-1$ derart, daß

$$\Re(\varrho_{m+1}) \leqq l < \Re(\varrho_m). \quad (13)$$

Wir werden zeigen, daß hieraus $l = L = \Re(\varrho_{m+1})$ folgt.

Wir setzen

$$\sum_{i=1}^{m}|y_i|^2 = \Phi_m(t); \quad \sum_{i=m+1}^{n}|y_i|^2 = \Psi_m(t).$$

Summation der Ungleichungen (8) über $i = 1, \ldots, m$ und $i = m+1, \ldots, n$ und Benützung der Abschätzung (9) liefert

$$\tfrac{1}{2}\,\Phi_m' \geqq \Re(\varrho_m)\quad f\,\Phi_m - (nc+n\varepsilon)f(\Phi_m+\Psi_m) \quad (11\text{a})$$
$$\tfrac{1}{2}\,\Psi_m' \leqq \Re(\varrho_{m+1})f\,\Psi_m + (nc+n\varepsilon)f(\Phi_m+\Psi_m). \quad (10\text{a})$$

Hieraus

$$\Phi_m'-\Psi_m' \geqq (2\,\Re(\varrho_m)-4nc-4n\varepsilon)f\Phi_m-(2\,\Re(\varrho_{m+1})+4nc+4n\varepsilon)f\Psi_m. \quad (14)$$

Nun sei σ eine Zahl mit $l < \sigma < \Re(\varrho_m)$. ε und c seien so klein gewählt, daß

$$2\,\Re(\varrho_m)-4nc-4n\varepsilon > 2\sigma > 2\,\Re(\varrho_{m+1})+4nc+4n\varepsilon;$$

dann ist nach (12) zuletzt

$$\Phi_m'-\Psi_m' \geqq 2\sigma f(\Phi_m-\Psi_m)$$

oder

$$\frac{d}{dt}(e^{-2\sigma F}(\Phi_m - \Psi_m)) \geqq 0;$$

die Funktion

$$e^{-2\sigma F}(\Phi_m - \Psi_m) \tag{15}$$

ist also zuletzt monoton wachsend.

Andererseits ist nach Definition von l wegen $l + \sigma > 2l$ immer wieder[1])

$$\frac{\log \Sigma \mid y_i \mid^2}{F} < l + \sigma$$

oder

$$e^{-2\sigma F}(\Phi_m + \Psi_m) < e^{(l-\sigma)F};$$

die rechte Seite der Ungleichung strebt aber wegen $l - \sigma < 0$ gegen 0; daraus folgt, daß die (nichtnegative) linke Seite der Ungleichung immer wieder $< \delta$ wird, wo $\delta > 0$ beliebig vorgeschrieben ist. Wenn $\Phi_m \geqq 0$, $\Psi_m \geqq 0$ wird a fortiori die Funktion (15) immer wieder $< \delta$, was wegen ihres monotonen Wachsens auf

$$\Phi_m \leqq \Psi_m \quad \text{(zuletzt)}$$

zu schließen gestattet. Wegen $\Phi_m + \Psi_m > 0$ (Annahme I) folgt hieraus, daß zuletzt $\Psi_m > 0$ ist.

Nun liefert (10a)

$$\Psi'_m \leqq (2\Re(\varrho_{m+1}) + 4nc + 4n\varepsilon) f \Psi_m,$$

woraus nach Hilfssatz folgt:

$$\limsup \frac{\log \Psi_m}{F} \leqq 2\Re(\varrho_{m+1}) + 4nc.$$

Mithin

$$2L = \limsup \frac{\log(\Phi_m + \Psi_m)}{F} \leqq \limsup \frac{\log 2\Psi_m}{F}$$

$$= \limsup \frac{\log \Psi_m}{F} \leqq 2\Re(\varrho_{m+1}) + 4nc.$$

Hieraus folgt wie bei (12):

$$L \leqq \Re(\varrho_{m+1}),$$

woraus wegen $\Re(\varrho_{m+1}) \leqq l$ die Behauptung

$$l = L = \Re(\varrho_{m+1})$$

hervorgeht. Damit ist gewonnen der

Satz 3: Für jede Lösung des Systems (I), welche für alle $t \geqq t_0$ existiert, deren x_i nicht von einer Stelle an sämtlich identisch verschwinden und die jedem Bereich $\mathfrak{B}_\varepsilon$ zuletzt angehört, existiert der Grenzwert

$$\lim_{t \to \infty} \frac{\log \sum_{i=1}^{n} |x_i|}{\int f(t)\, dt}$$

und ist gleich einem $\Re(\varrho_\nu)$, $1 \leqq \nu \leqq n$.

Anmerkung: Es folgt $\sum_{i=1}^{n} |x_i| \to \begin{cases} \infty & \text{für } \Re(\varrho_\nu) > 0 \\ 0 & \text{für } \Re(\varrho_\nu) < 0. \end{cases}$

Definition: Wir sagen in diesem Fall, die Lösung (x_i) gehöre zu den charakteristischen Wurzeln mit dem gleichen Realteil $\Re(\varrho_\nu)$.

Um an die letzten Rechnungen ohne weiteres anknüpfen zu können, bleiben wir bei der Annahme (13), welche sich auf Grund des inzwischen Bewiesenen jetzt auch so aussprechen läßt:

Annahme IIa: Der Limes des Satzes 3 sei gleich einem $\Re(\varrho_{m+1}) < \Re(\varrho_m)$; $1 \leqq m \leqq n-1$.

Wegen $\Phi_m \leqq \Psi_m$ und $\Phi_m + \Psi_m > 0$ ist

$$0 < \tfrac{1}{2}(\Phi_m + \Psi_m) \leqq \Psi_m \leqq \Phi_m + \Psi_m;$$

folglich

$$\lim_{t \to \infty} \frac{\log \Psi_m}{F} = 2\,\Re(\varrho_{m+1}), \tag{16}$$

was sich aber mit den bis jetzt angewandten Mitteln nicht auf die x_i übertragen läßt. Verwenden wir jedoch (unter Berücksichtigung der Bemerkung am Anfang des § 4) solche Transformationen (7), wie sie Satz 2 liefert, (mit dem jetzigen m), so ist

$$x_i = \sum_{k=m+1}^{i} b_{ik}\, y_k \qquad (i = m+1, \ldots, n); \tag{17}$$

es transformieren sich also die $x_{m+1}, \ldots, x_n$ und die $y_{m+1}, \ldots, y_n$ unter sich allein; analog wie in § 4 folgt aus (16) zunächst

$$\lim_{t \to \infty} \frac{\log \sum_{i=m+1}^{n} |y_i|}{F} = \Re(\varrho_{m+1})$$

und hieraus

$$\lim_{t\to\infty} \frac{\log \sum_{i=m+1}^{n} |x_i|}{F} = \Re(\varrho_{m+1}). \tag{18}$$

Für den Fall, daß alle charakteristischen Wurzeln gleichen Realteil haben, ist schon Satz 3 das der Formel (18) entsprechende Ergebnis.

Es sei nun $\varrho_{m+1}, \ldots, \varrho_{m+p}$ die Gruppe der charakteristischen Wurzeln mit gleichem Realteil wie ϱ_{m+1}; ferner sei $m+p<n$:

$$\Re(\varrho_m) > \Re(\varrho_{m+1}) = \cdots = \Re(\varrho_{m+p}) > \Re(\varrho_{m+p+1}).$$

Wir setzen

$$\sum_{i=m+1}^{m+p} |y_i|^2 = S_m; \qquad \sum_{i=m+p+1}^{n} |y_i|^2 = X_m. \tag{19}$$

Also

$$S_m + X_m = \Psi_m.$$

Aus (8) ergibt sich auf die schon zweimal angewandte Art:

$$\begin{aligned} \tfrac{1}{2} S_m' &\geq \Re(\varrho_{m+p}) f S_m - (nc + n\varepsilon) f \quad (\Phi_m + \Psi_m) \\ &\geq \Re(\varrho_{m+p}) f S_m - (nc + n\varepsilon) f\, 2\,(S_m + X_m) \end{aligned} \tag{11b}$$

$$\begin{aligned} \tfrac{1}{2} X_m' &\leq \Re(\varrho_{m+p+1}) f X_m + (nc + n\varepsilon) f \quad (\Phi_m + \Psi_m) \\ &\leq \Re(\varrho_{m+p+1}) f X_m + (nc + n\varepsilon) f\, 2\,(S_m + X_m). \end{aligned} \tag{10b}$$

Hieraus

$$\begin{aligned} S_m' - X_m' \geq\ & (2\,\Re(\varrho_{m+p}) - 8\,nc - 8\,n\varepsilon) f S_m \\ & - (2\,\Re(\varrho_{m+p+1}) + 8\,nc + 8\,n\varepsilon) f X_m. \end{aligned} \tag{14b}$$

Sei σ_1 eine Zahl mit $\Re(\varrho_{m+p+1}) < \sigma_1 < \Re(\varrho_{m+p})$, dann ist nach (14b) für hinreichend kleines ε und c zuletzt

$$S_m' - X_m' \geq 2\sigma_1 f (S_m - X_m),$$

woraus wie bei (15) folgt, daß die Funktion

$$e^{-2\sigma_1 F}(S_m - X_m) \tag{15b}$$

zuletzt monoton wächst.

Es läßt sich zeigen, daß (15b) $\to \infty$ wächst. Zu diesem Zweck schätzen wir anstelle von (14b) die Differenz $\frac{1}{2} S_m' - X_m'$ nach unten ab:

$$\begin{aligned} \tfrac{1}{2} S_m' - X_m' \geq\ & (2\,\Re(\varrho_{m+p}) - 12\,nc - 12\,n\varepsilon) f \tfrac{1}{2} S_m \\ & - (2\,\Re(\varrho_{m+p+1}) + 6\,nc + 6\,n\varepsilon) f X_m, \end{aligned}$$

woraus genau wie bei (15b) folgt, daß auch die Funktion

$$e^{-2\sigma_1 F}\left(\tfrac{1}{2} S_m - X_m\right) \tag{15b*}$$

zuletzt monoton wächst.

Würde nun (15b) nicht $\to\infty$ wachsen, dann auch (15b*) nicht, also beide, weil monoton, gegen je einen endlichen Limes; also würden auch ihre Differenz und daher die Funktionen

$$e^{-2\sigma_1 F} S_m \quad \text{und} \quad e^{-2\sigma_1 F} X_m$$

einzeln und mithin schließlich auch deren Summe je einen endlichen Limes besitzen. Letzteres ist aber nicht der Fall; denn aus (16) folgt wegen $\Re(\varrho_{m+1}) = \Re(\varrho_{m+p}) > \sigma_1$, daß zuletzt

$$\frac{\log \Psi_m}{F} > \Re(\varrho_{m+p}) + \sigma_1,$$

also

$$e^{-2\sigma_1 F}\,\Psi_m > e^{(\Re(\varrho_{m+p}) - \sigma_1)F}$$

ist, wo die rechte Seite $\to\infty$ strebt.

Die Funktion (15b) wächst also $\to\infty$, sodaß zuletzt gilt:

$$X_m < S_m, \text{ insbesondere also } S_m > 0.$$

Aus

$$0 < \tfrac{1}{2}(S_m + X_m) = \tfrac{1}{2}\Psi_m < S_m \leqq \Psi_m$$

folgt wegen (16)

$$\lim_{t\to\infty} \frac{\log S_m}{F} = 2\,\Re(\varrho_{m+1}); \tag{20}$$

da nun mittels (17) die $x_{m+1}, \ldots, x_{m+p}$ und die $y_{m+1}, \ldots, y_{m+p}$ unter sich allein transformiert werden, folgt aus (20) (wie (18) aus (16)):

$$\lim_{t\to\infty} \frac{\log \sum\limits_{i=m+1}^{m+p} |x_i|}{F} = \Re(\varrho_{m+1}). \tag{21}$$

Für den Fall $m + p = n$, wo also $\varrho_{m+1}, \ldots, \varrho_{m+p}$ die Gruppe der Wurzeln mit dem kleinsten Realteil sind, ist schon (18) das der Formel (21) entsprechende Ergebnis.

Die Annahme IIa umfaßt natürlich alle Fälle, wo der Limes des Satzes 3 kleiner als $\Re(\varrho_1)$ ist; das ϱ_ν des Satzes 3 kann ja stets durch diejenige charakteristische Wurzel mit gleichem Realteil ersetzt werden, welche den kleinsten Index hat.

Es ist also lediglich noch folgender Fall zu prüfen:

Annahme IIb: Der Limes des Satzes 3 sei gleich $\Re(\varrho_1)$.

Es seien $\varrho_1, \ldots, \varrho_p$ die charakteristischen Wurzeln mit gleichem Realteil wie ϱ_1; ferner sei $p < n$.

Setzt man in (19) $m = 0$, so lassen sich die dort beginnenden Rechnungen mit $m = 0$ nahezu wörtlich durchführen (von (11b) und (10b) ist nur je die erste Zeile mit $\Phi_m = 0$ zu benützen) und liefern die Beziehung (21) mit $m = 0$.

Für $p = n$ ist schon Satz 3 das entsprechende Ergebnis.

Wir fassen zusammen:

Satz 4: Ist der Grenzwert im Satze 3 gleich $\Re(\varrho_\nu)$ und haben im ganzen p der charakteristischen Wurzeln (mehrfache mehrfach gezählt) den Realteil $\Re(\varrho_\nu)$, so existiert bei geeigneter Numerierung der x_i auch der Grenzwert

$$\lim_{t\to\infty} \frac{\log \sum_{i=m+1}^{m+p} |x_i|}{\int f(t)\,dt}$$

und ist ebenfalls gleich $\Re(\varrho_\nu)$.

1. Anmerkung: Es folgt $\sum_{i=m+1}^{m+p} |x_i| \to \begin{cases} \infty \text{ für } \Re(\varrho_\nu) > 0 \\ 0 \text{ für } \Re(\varrho_\nu) < 0. \end{cases}$

2. Anmerkung: Es wird im allgemeinen mehrere Numerierungen geben, für welche die Formel des Satzes 4 besteht; sie kann auch für alle möglichen Numerierungen richtig sein; ist z. B. $x_i = a_i e^{\varrho_\nu t}$ eine partikuläre Lösung eines D'Alembertschen Systems, wo alle $a_i \neq 0$ sind, so gilt diese Formel bei jeder Numerierung und sogar für jedes beliebige p $(1 \leqq p \leqq n)$.

Die Herstellung einer geeigneten Numerierung verlangt nicht etwa die Kenntnis der Lösung, sondern lediglich die Kenntnis der charakteristischen Wurzeln und nach § 3 die Prüfung der Ränge verschiedener Zahlenmatrizen, zu deren sukzessiver Aufstellung nur lineare Gleichungen aufzulösen sind[8]). Hieraus folgt, daß für alle Lösungen, welche der Voraussetzung des Satzes 4 genügen (mit demselben $\Re(\varrho_\nu)$), die geeigneten Numerierungen der Komponenten x_i dieselben sind.

[8]) Vgl. die durchgerechneten Beispiele in § 8 und § 9.

3. Anmerkung: Satz 4 läßt sich ohne Einschränkung der Voraussetzungen nicht nochmals so verschärfen, wie er selbst eine Verschärfung von Satz 3 ist, daß nämlich die Anzahl der in der Formel auftretenden Komponenten x_i nochmals verringert werden könnte. Dies ist sofort aus der Lösung $\begin{Bmatrix} x_1 = \cos t \\ x_2 = \sin t \end{Bmatrix}$ des Systems $\begin{Bmatrix} x_1' = -x_2 \\ x_2' = x_1 \end{Bmatrix}$ mit den beiden charakteristischen Wurzeln von gleichem Realteil i und $-i$ zu ersehen, wo $\frac{\log|x_1|}{t}$ und $\frac{\log|x_2|}{t}$ keine Grenzwerte haben.

§ 6. Verschärfung der vorhergehenden Untersuchung.

Wir knüpfen an die Untersuchungen zur Annahme IIa an und verwenden jetzt die noch nicht benützte Tatsache, daß in Satz 2 gewisse c_{ik} gleich 0 sind; es genügt zunächst, daß dies für $i \leqq m$, $k > m$ feststeht. Damit läßt sich für $i = 1, \ldots, m$ anstelle von (8) die schärfere Abschätzung erhalten:

$$\frac{1}{2}\frac{d}{dt}|y_i|^2 \geqq \Re(\varrho_i) f |y_i|^2 - c f |y_i| \sum_{k=1}^{m} |y_k| - \varepsilon f |y_i| \sum_{k=1}^{n} |y_k|.$$

Summation über $i = 1, \ldots, m$ und Benützung von (9), jedoch für die Summe der mittleren Glieder der rechten Seiten mit m statt n, ergibt

$$\tfrac{1}{2} \Phi_m' \geqq \Re(\varrho_m) f \Phi_m - n c f \Phi_m - n \varepsilon f (\Phi_m + \Psi_m);$$

die Konstante c kommt nun bei Ψ_m nicht vor, was für (14c) nötig sein wird. Wegen $\Phi_m \leqq \Psi_m = S_m + X_m < 2 S_m$ [9]) folgt

$$\tfrac{1}{2} \Phi_m' \geqq \Re(\varrho_m) f \Phi_m - n c f \Phi_m - 4 n \varepsilon f S_m.$$

Aus (8) folgt auf die übliche Art (vgl. (11b))

$$\begin{aligned} \tfrac{1}{2} S_m' &< \Re(\varrho_{m+1}) f S_m + (n c + n \varepsilon) f (\Phi_m + \Psi_m) \\ &\leqq \Re(\varrho_{m+1}) f S_m + 4 (n c + n \varepsilon) f S_m. \end{aligned}$$

Hieraus

$$\begin{aligned} \Phi_m' - \sqrt{\varepsilon}\, S_m' &\geqq (2 \Re(\varrho_m) - 2 n c) f \Phi_m \\ &\quad - (2 \Re(\varrho_{m+1}) + 8 n \sqrt{\varepsilon} + 8 (n c + n \varepsilon)) f \sqrt{\varepsilon}\, S_m. \qquad (14\text{c}) \end{aligned}$$

[9]) Im Falle $m + p = n$, wo $S_m = \Psi_m$ ist, ebenfalls richtig.

Wie bei (14) folgt hieraus, daß für eine Zahl σ_2 mit $\Re(\varrho_m) > \sigma_2 > \Re(\varrho_{m+1})$ die Funktion

$$e^{-2\sigma_2 F}(\Phi_m - \sqrt{\varepsilon}\, S_m) \tag{15c}$$

zuletzt monoton wächst. Andererseits folgt wie hinter (15) (wo jetzt $l = \Re(\varrho_{m+1})$ ist), daß die Funktion

$$e^{-2\sigma_2 F}(\Phi_m + S_m),$$

also erst recht (15c) gegen Null strebt, sodaß zuletzt

$$\Phi_m \leqq \sqrt{\varepsilon}\, S_m.$$

Da ε beliebig klein sein darf, ohne daß c weiter verkleinert zu werden braucht, und wegen $S_m > 0$ (zuletzt), bedeutet dies:

$$\lim_{t\to\infty} \frac{\Phi_m}{S_m} = 0. \tag{22}$$

Es sei nun $m + p < n$, sodaß die Funktion X_m vorhanden ist; wir benützen jetzt die Tatsache in Satz 2, daß für $i \geqq m + 2$ die $c_{i,m+1}, \ldots, c_{i,i-1}$ gleich 0 sind. Dann erhält man für $i \geqq m + 1$ anstelle von (8):

$$\frac{1}{2}\frac{d}{dt}|y_i|^2 \leqq \Re(\varrho_i) f |y_i|^2 + c f |y_i| \left(\sum_{k=1}^{m} |y_k| + \sum_{k=i+1}^{n} |y_k|\right) + \varepsilon f |y_i| \sum_{k=1}^{n} |y_k|.$$

Bei der Summation über $i = m + p + 1, \ldots, n$ liefern die mittleren Glieder der rechten Seiten eine Summe, in welcher nur y_i mit $i \leqq m$ und $i \geqq m + p + 1$ auftreten und von der man leicht nachrechnet, daß sie mit $n c f(\Phi_m + X_m)$ abgeschätzt werden kann. So erhält man:

$$\tfrac{1}{2} X_m' \leqq \Re(\varrho_{m+p+1}) f X_m + n c f(\Phi_m + X_m) + n \varepsilon f(\Phi_m + S_m + X_m).$$

Die Konstante c kommt nun bei S_m nicht vor, was nachher nötig sein wird.

Wegen $\Phi_m \leqq \sqrt{\varepsilon}\, S_m$ und $\Phi_m + S_m + X_m < 4 S_m$ (zuletzt) folgt:

$$\tfrac{1}{2} X_m' < \Re(\varrho_{m+p+1}) f X_m + n c f(\sqrt{\varepsilon}\, S_m + X_m) + 4 n \varepsilon f S_m.$$

Ferner aus (11b) wegen $X_m < S_m$:

$$\tfrac{1}{2} S_m' \geqq \Re(\varrho_{m+p}) f S_m - 4 n (c + \varepsilon) f S_m.$$

Hieraus:

$$\sqrt{\varepsilon}\,S_m' - X_m' \geqq (2\,\Re(\varrho_{m+p}) - 10\,n\,c - 8\,n(\varepsilon + \sqrt{\varepsilon}))\,f\sqrt{\varepsilon}\,S_m$$
$$- (2\,\Re(\varrho_{m+p+1}) + 2\,n\,c)\,f X_m.$$

Genau wie bei (14b) folgt, daß die Funktion

$$e^{-2\sigma_1 F}(\sqrt{\varepsilon}\,S_m - X_m)$$

zuletzt monoton wächst. Durch Wiederholung des letzten Schrittes mit $\frac{1}{2}\varepsilon$ statt ε beweist man genau wie damals, daß sie sogar $\rightarrow\infty$ wächst.

Also ist zuletzt:

$$X_m < \sqrt{\varepsilon}\,S_m,$$

was bedeutet (vgl. bei (22)):

$$\lim_{t\to\infty} \frac{X_m}{S_m} = 0. \tag{23}$$

Bei der Annahme IIb mit $p < n$ (sonst X_m nicht vorhanden) folgt (23) ebenfalls, mit nur unwesentlich abgeänderter Rechnung.

In (22) und (23) ersetzen wir den Zähler a fortiori durch einen einzigen seiner Summanden $|y_i|^2$ und haben dann folgendes Ergebnis:

Satz 5: Es sei

$$\Re(\varrho_1) \geqq \Re(\varrho_2) \geqq \ldots \geqq \Re(\varrho_n).$$

$\varrho_{m+1}, \ldots, \varrho_{m+p}$ seien sämtliche charakteristischen Wurzeln mit gleichem Realteil wie ϱ_{m+1}.

Wenn dann nach geeigneter Numerierung der x_i das System (I) gemäß Satz 1 (für $m = 0$) bzw. Satz 2 (für $m > 0$) derart in (II) transformiert wird, daß alle $|c_{ik}|$ hinreichend klein werden, so gilt für jede zu der obigen Wurzelgruppe gehörige Lösung:

$$\lim_{t\to\infty} \frac{y_j^2}{\sum\limits_{i=m+1}^{m+p} |y_i|^2} = 0, \text{ also auch } \lim_{t\to\infty} \frac{y_j}{\sum\limits_{i=m+1}^{m+p} |y_i|} = 0$$

für alle j außer $m + 1 \leqq j \leqq m + p$.

Anmerkung: Aus den Beweisen geht hervor, daß im Falle $m > 0$, $m + p < n$ für die Kleinheit der $|c_{ik}|$ folgende Bedingungen hinreichend sind: $|c_{ik}| < c$, wo

$$\begin{aligned}\Re(\varrho_m) \quad - 2nc &> \Re(\varrho_{m+1}) \quad + 4nc\\ \Re(\varrho_{m+p}) - 6nc &> \Re(\varrho_{m+p+1}) + 6nc;\end{aligned}$$

in den Fällen $m = 0$ und $m + p = n$ von analoger Art.

Mittels (7) auf die Lösung (x_i) übertragen, liefert Satz 5 eine entsprechende Aussage über einen weniger einfach gebauten Ausdruck in den x_i. Wir werden später diese Übertragung in einigen Spezialfällen vornehmen.

§ 7. Fall einer charakteristischen Wurzel, deren Realteil bei keiner andern auftritt.

Es sei $p = 1$; d. h. ϱ_{m+1} $(0 \leqq m \leqq n - 1)$ ist die einzige charakteristische Wurzel, deren Realteil gleich $\Re(\varrho_{m+1})$ ist. Dann lehrt Satz 5:

$$\frac{y_j}{y_{m+1}} \to 0 \quad \text{für jedes } j \neq m+1, \tag{24}$$

wo natürlich y_{m+1}, das S_m des § 6, zuletzt $\neq 0$ ist.

Wegen

$$x_{m+1} = b_{m+1,m+1}\, y_{m+1} \tag{25}$$

ist auch x_{m+1} zuletzt $\neq 0$ und

$$\frac{x_i}{x_{m+1}} = \sum_{k=1}^{n} \frac{b_{ik}\, y_k}{b_{m+1,m+1}\, y_{m+1}} \to \frac{b_{i,m+1}}{b_{m+1,m+1}} \quad (i = 1, \ldots, n). \tag{26}$$

Es seien mit a diejenigen Indizes i bezeichnet, für welche $b_{i,m+1} \neq 0$ ist; zu ihnen gehört mindestens der Index $m+1$. Nach (26) ist x_a zuletzt $\neq 0$ und

$$\frac{x_i}{x_a} = \frac{x_i}{x_{m+1}} \frac{x_{m+1}}{x_a} \to \frac{b_{i,m+1}}{b_{a,m+1}} \quad (i = 1, \ldots, n). \tag{27}$$

Nun lehrt Satz 4:

$$\frac{\log|x_{m+1}|}{F(t)} \to \Re(\varrho_{m+1});$$

hieraus und aus (26), angewandt auf $i = a$, folgt

$$\frac{\log|x_a|}{F(t)} \to \Re(\varrho_{m+1}). \tag{28}$$

Diese Beziehung läßt sich jedoch durch eine schärfere ersetzen, welche wir gleich für allgemeinere Indizes aufstellen wollen. Da x_a zuletzt $\neq 0$ ist, liefert (I):

$$\frac{x_i'}{x_a} = f \sum_{k=1}^{n} a_{ik} \frac{x_k}{x_a} + \frac{\varphi_i}{x_a}. \tag{29}$$

Zuletzt ist

$$\left|\frac{\varphi_i}{x_a}\right| \leqq \varepsilon f \sum_{k=1}^{n} \left|\frac{x_k}{x_a}\right| \leqq \varepsilon f K, \tag{30}$$

wo K eine imHinblick auf (27) zu wählende positive Konstante ist.

Lassen wir nun zunächst t lediglich durch diejenigen Werte $\to \infty$ streben, für welche $f(t) \neq 0$ ist, — $f(t)$ verschwindet ja nicht zuletzt für alle t wegen $F(t) \to \infty$ — so folgt aus (29), (27) und (30)

$$\frac{1}{f}\frac{x_i'}{x_a} \to \sum_{k=1}^{n} a_{ik} \frac{b_{k,m+1}}{b_{a,m+1}} = \frac{1}{b_{a,m+1}}\left(\sum_{\substack{k=1 \\ k \neq m+1}}^{n} b_{ik}\, c_{k,m+1} + b_{i,m+1}\, \varrho_{m+1}\right)$$

$$= \frac{b_{i,m+1}}{b_{a,m+1}} \varrho_{m+1} \qquad (\text{da alle } c_{k,m+1} = 0 \text{ sind}). \tag{31}$$

Für alle Nullstellen t^* von $f(t)$ von einer festen Stelle an sind aber alle $x_i' = 0$[10]; d. h. für die beim Grenzübergang ausgelassenen Werte t^* verschwinden zuletzt Zähler und Nenner der Funktion auf der linken Seite von (31).

Dieser Sachverhalt läßt sich so beschreiben:

Von einer festen t-Stelle an gilt die Darstellung:

$$\frac{x_i'}{x_a} = \left(\frac{b_{i,m+1}}{b_{a,m+1}} \varrho_{m+1} + \eta(t)\right) f(t), \tag{32}$$

wo $\eta(t)$ eine gegen Null strebende Funktion ist, wenn t unter Auslassung der t^* gegen ∞ strebt.

[10]) Man wende die Abschätzung $|\varphi_i| \leq \varepsilon f \sum |x_k|$ etwa mit $\varepsilon = 1$ an; da die Lösung (x_i) nach Annahme I S. 218 zuletzt dem Bereich $\mathfrak{B}_1$ angehört, folgt, daß von einer festen Stelle an $\varphi_i(x_1(t^*), \ldots, x_n(t^*), t^*) = 0$, also nach (I) $x_i'(t^*) = 0$ ist $(i = 1, \ldots, n)$.

Der Kürze halber führen wir für den Sachverhalt (32) die Bezeichnung ein[11]):

$$\frac{1}{f(t)} \frac{x_i'}{x_a} \overset{*}{\to} \frac{b_{i,m+1}}{b_{a,m+1}} \varrho_{m+1} \qquad (i = 1, \ldots, n). \tag{33}$$

Setzt man

$$x_a = |x_a| \, e^{i\vartheta_a},$$

wo der Arcus ϑ_a für irgendeine Stelle festgelegt und dann durch stetige Fortsetzung eindeutig definiert sei, so sind, da x_a differenzierbar und zuletzt $\neq 0$ ist, auch $|x_a|$ und ϑ_a zuletzt differenzierbar, und man erhält aus (33) für $i = a$:

$$\frac{1}{f(t)} \frac{|x_a|'}{|x_a|} \overset{*}{\to} \Re(\varrho_{m+1})$$
$$\frac{1}{f(t)} \vartheta_a' \overset{*}{\to} \Im(\varrho_{m+1})$$

Hieraus folgt nach der Verallgemeinerung eines bekannten Grenzwertsatzes auf unser Symbol $\overset{*}{\to}$ [12]) einerseits wieder (28)[13]), andererseits

$$\frac{\vartheta_a}{F} \to \Im(\varrho_{m+1}) \tag{34}$$

und durch Addition

---

[11]) Definition: $\frac{\varphi(t)}{\psi(t)} \overset{*}{\to} A$ bedeute, daß für $t \to \infty$ immer wieder, aber nicht zuletzt für alle t (vgl. Fußnote 1), $\varphi(t)$ und $\psi(t)$ *gleichzeitig* verschwinden dürfen, während bei Auslassung dieser t-Stellen der Bruch für $t \to \infty$ im gewöhnlichen Sinn den Grenzwert A hat.

Ist $\psi(t)$ zuletzt $\neq 0$, so deckt sich also $\overset{*}{\to}$ mit $\to$.

[12]) Satz: $\varphi(t)$ und $\psi(t)$ seien für $t \geqq t_0$ differenzierbar und $\psi'(t) \geqq 0$. Ferner

$$\psi(t) \to +\infty, \quad \frac{\varphi'(t)}{\psi'(t)} \overset{*}{\to} A \text{ mit } t \to +\infty \text{ (vgl. Fußnote 11).}$$

Dann folgt

$$\frac{\varphi(t)}{\psi(t)} \to A.$$

S. Stolz, Grundzüge der Differential- und Integralrechnung 1. Bd. (1893) S. 82.

[13]) In diesem Sinne wurde bei (28) eine „schärfere Beziehung" angekündigt.

$$\frac{\log x_a}{F} \to \varrho_{m+1}, \tag{35}$$

wo über die Erklärung des Logarithmus das oben bei Arcus x Gesagte gilt.

Die Eigenschaften einer Lösung, die zu ϱ_{m+1} gehört, hängen nach dem Bisherigen hauptsächlich von den Zahlen $b_{i,m+1}$ $(i = 1, \ldots, n)$ ab, deren Kenntnis es insbesondere ermöglicht, unter den Komponenten x_i sofort die x_a anzugeben. Daher ist es sehr wesentlich, daß sich diese Zahlen von vornherein aus der Matrix (a_{ik}) und der charakteristischen Wurzel ϱ_{m+1} berechnen lassen, und zwar *ohne* die für die Anwendung der allgemeinen Theorie ev. nötige Umordnung der Matrix (a_{ik}) durchzuführen!

In der Tat sind es ja die im Gleichungssystem (5) auftretenden b_{i1} und ϱ_1, welche beim Übergang von Satz 1 zu Satz 2 mit $b_{i,m+1}$ und ϱ_{m+1} bezeichnet wurden. Die $b_{i,m+1}$ sind also Lösungen des Gleichungssystems

$$\begin{aligned} (a'_{11} - \varrho_{m+1})\, z_1 + a'_{12}\, z_2 + \cdots &= 0 \\ a'_{21}\, z_1 + (a'_{22} - \varrho_{m+1})\, z_2 + \cdots &= 0 \\ \cdots\cdots\cdots\cdots\cdots\cdots&, \end{aligned}$$

wo (a'_{ik}) die umgeordnete Matrix bezeichnet. Werden nun (vgl. Anfang des § 4) die x_i zurücknumeriert, wobei gleichzeitig die Matrix (a'_{ik}) wieder in (a_{ik}) umzuordnen ist, werden andererseits die $b_{i,m+1}$ ebenso wie die x_i zurücknumeriert, so sind sie Lösungen des Systems

$$\begin{aligned} (a_{11} - \varrho_{m+1})\, z_1 + a_{12}\, z_2 + \cdots &= 0 \\ a_{21}\, z_1 + (a_{22} - \varrho_{m+1})\, z_2 + \cdots &= 0 \\ \cdots\cdots\cdots\cdots\cdots\cdots& \end{aligned}$$

Übrigens ist dieses System, da ϱ_{m+1} eine einfache Wurzel ist, vom Range $n - 1$; die Verhältnisse der $b_{i,m+1}$ sind eindeutig bestimmt.

Wir fassen die Ergebnisse in vereinfachter Bezeichnung zusammen in

Satz 6: Eine Lösung von (I) gehöre gemäß Satz 3 zu einer charakteristischen Wurzel ϱ_ν, deren Realteil bei keiner andern auftritt. Dann zerfallen die Komponenten x_i in zwei Gruppen x_α und x_β, wo zu den x_α mindestens ein x_i gehört, während die Gruppe der x_β auch wegfallen kann, von verschiedenen Wachstumseigenschaften.

Die Gruppeneinteilung wird gefunden aus einer Lösung $e_1, e_2, \ldots, e_n \neq 0, 0, \ldots, 0$ des linearen Gleichungssystems vom Range $n-1$:

$$\begin{aligned} (a_{11}-\varrho_\nu)e_1 + \quad a_{12}e_2 + \cdots + a_{1n}e_n &= 0 \\ a_{21}e_1 + (a_{22}-\varrho_\nu)e_2 + \cdots + a_{2n}e_n &= 0 \\ \cdots\cdots\cdots\cdots\cdots\cdots & \\ a_{n1}e_1 + \cdots\cdots\cdots + (a_{nn}-\varrho_\nu)e_n &= 0, \end{aligned}$$

indem die Indizes i, für welche $e_i \neq 0$ ist, die Indizes α, die übrigen die Indizes β sind.

Die Werte e_i und damit die Gruppeneinteilung sind also dieselben für jede zu ϱ_ν gehörige Lösung von (I) und unabhängig von den Funktionen φ_i in (I).

Für jeden Index α gilt: x_α ist zuletzt $\neq 0$;

$$\lim_{t\to\infty} \frac{\log x_\alpha}{\int f(t)\,dt} = \varrho_\nu;$$

mithin

$$\lim_{t\to\infty} \frac{\log|x_\alpha|}{\int f(t)\,dt} = \Re(\varrho_\nu); \qquad \lim_{t\to\infty} \frac{\operatorname{Arc} x_\alpha}{\int f(t)\,dt} = \Im(\varrho_\nu).$$

Für jeden Index α und $i = 1, \ldots, n$ gilt:

$$\lim_{t\to\infty} \frac{x_i}{x_\alpha} = \frac{e_i}{e_\alpha}; \qquad \frac{1}{f(t)} \frac{x_i'}{x_\alpha} \overset{*}{\to} \frac{e_i}{e_\alpha}\varrho_\nu.$$

1. Anmerkung: Es folgt:

$$\text{Alle} \quad x_\alpha \to \begin{cases} \infty & \text{für } \Re(\varrho_\nu) > 0 \\ 0 & \text{für } \Re(\varrho_\nu) < 0. \end{cases}$$

$$\text{Alle } \operatorname{Arc} x_\alpha \to \begin{cases} +\infty & \text{für } \Im(\varrho_\nu) > 0 \\ -\infty & \text{für } \Im(\varrho_\nu) < 0. \end{cases}$$

Im Falle $\Im(\varrho_\nu) \neq 0$ (welcher bei reellen a_{ik} nicht eintritt) sind also die Bilder der Funktionen x_α auf der komplexen Zahlenkugel spiralartige Kurven, welche, rechts- oder linksgewunden je nachdem $\Im(\varrho_\nu) < 0$ oder > 0, in unendlich vielen Windungen um den Nullpunkt gegen 0 oder gegen ∞ konvergieren.

2. Anmerkung: Aus (32) und (27) folgt:

$$\frac{1}{f}\left(\frac{x_i}{x_\alpha}\right)' \overset{*}{\to} 0. \qquad (i = 1, \ldots, n).$$

§ 8. Anwendung auf lineare Differentialgleichungen n-ter Ordnung (1. Typus).

Vorgelegt sei eine lineare Differentialgleichung n-ter Ordnung von folgendem Typus:

$$\text{(III)}\begin{cases} x^{(n)} + (a_1 f(t) + \chi_1(t))x^{(n-1)} + (a_2 f(t) + \chi_2(t))x^{(n-2)} + \cdots + (a_n f(t) + \chi_n(t))x = 0; \\ f(t) \text{ definiert für } t \geqq t_0; \\ f(t) \to +\infty \text{ mit } t \to +\infty; \\ \text{es existiere eine Stammfunktion } F(t) \text{ von } f(t); \\ \chi_\nu(t) \quad (\nu = 1, \ldots, n) \text{ definiert für } t \geqq t_0; \\ \frac{\chi_\nu(t)}{f(t)} \to 0 \text{ mit } t \to +\infty \\ \Re(a_1) \neq 0. \end{cases}$$

Die Transformation

$$(T_n) \qquad \begin{cases} x = x_1 \\ x' = x_2 \\ \cdots\cdots \\ x^{(n-1)} = x_n \end{cases}$$

führt (III) über in das System

$$\begin{aligned} x_1' &= x_2 \\ x_2' &= x_3 \\ &\cdots\cdots\cdots \\ x_{n-1}' &= x_n \\ x_n' &= -(a_n f + \chi_n)x_1 - \cdots\cdots - (a_1 f + \chi_1)x_n, \end{aligned}$$

welches ein System von der Form (I) ist mit der Matrix

$$(a_{ik}) = \begin{pmatrix} 0 & \cdots\cdots\cdots & 0 \\ \cdots & \cdots\cdots\cdots & \cdots \\ 0 & \cdots\cdots\cdots & 0 \\ -a_n & -a_{n-1} \cdots & -a_1 \end{pmatrix}$$

und den „Zusatzfunktionen"

$$\varphi_i = x_{i+1} \qquad (i = 1, \ldots, n-1)$$

$$\varphi_n = -\sum_{k=1}^{n} \chi_{n-k+1} x_k.$$

Auf Grund der Voraussetzungen über (III) verifiziert man sofort, daß die Voraussetzungen A erfüllt sind; $\mathfrak{B}$ und jedes $\mathfrak{B}_\varepsilon$ ist der Bereich *aller* Wertsysteme (x_i).

Die charakteristischen Wurzeln sind $-a_1$ (einfach) und 0 ($(n-1)$-fach). Die nichttrivialen Lösungen, welche für alle $t \geqq t_0$ existieren, „gehören" also zu $-a_1$ oder 0 gemäß folgender Übertragung des Satzes 3:

Satz 7: Für jede Lösung der Differentialgleichung (III), welche für alle $t \geqq t_0$ existiert und nicht von einer Stelle an identisch verschwindet, existiert der Grenzwert

$$\lim_{t\to\infty} \frac{\log(|x| + |x'| + \cdots + |x^{(n-1)}|)}{\int f(t)\,dt}$$

und ist gleich $-\Re(a_1)$ oder gleich 0. (Gilt auch für $\Re(a_1) = 0$, wenn $a_1, \ldots, a_n$ nicht alle $= 0$ sind.)

Auf die zu $-a_1$ gehörigen Lösungen können wir Satz 6 anwenden. Die dortigen Zahlen $e_1, \ldots, e_n$ haben, wie man sofort berechnet, die Werte $0, 0, \ldots, 0, 1$; die Übertragung des Satzes 6 lautet also:

Satz 8: Für jede zu $-a_1$ gehörige Lösung von (III) gilt:

$x^{(n-1)}$ ist zuletzt für alle t von 0 verschieden;

$$\lim_{t\to\infty} \frac{\log x^{(n-1)}}{\int f(t)\,dt} = -a_1;$$

$$\lim_{t\to\infty} \frac{x^{(j)}}{x^{(n-1)}} = 0 \qquad (j = 0, 1, \ldots, n-2).$$

Folgerungen hieraus:

$$\lim_{t\to\infty} \frac{\log|x^{(n-1)}|}{\int f(t)\,dt} = -\Re(a_1); \qquad x^{(n-1)} \to \begin{cases} \infty & \text{für } \Re(a_1) < 0 \\ 0 & \text{für } \Re(a_1) > 0 \end{cases}$$

$$\lim_{t\to\infty} \frac{\operatorname{Arc}(x^{(n-1)})}{\int f(t)\,dt} = -\Im(a_1); \qquad \operatorname{Arc}(x^{(n-1)}) \to \begin{cases} +\infty & \text{für } \Im(a_1) < 0 \\ -\infty & \text{für } \Im(a_1) > 0. \end{cases}$$

Ferner gilt:

$$\lim_{t\to\infty} \frac{1}{f(t)} \frac{x^{(n)}}{x^{(n-1)}} = -a_1; \quad \text{mithin} \quad \lim_{t\to\infty} \frac{x^{(n-1)}}{x^{(n)}} = 0.$$

Die Untersuchung von zu 0 gehörigen Lösungen beruht auf der Anwendung der Sätze 4 und 5 mit $p = n-1$. Diese Anwendung ist jedoch in einem konkreten Fall erst nach Herstellung einer geeigneten Numerierung möglich.

Wir wollen zunächst den Fall $\Re(a_1) > 0$ mit der schon angegebenen Numerierung (T_n) behandeln. Die charakteristischen Wurzeln sind in der Reihenfolge $0, \ldots, 0, -a_1$ anzuschreiben; man braucht also gemäß Satz 1 eine Matrixbeziehung folgender Art:

$$\begin{pmatrix} 0 & \ldots & 0 \\ \ldots & \ldots & \ldots \\ 0 & \ldots & 0 \\ -a_n & \ldots & -a_1 \end{pmatrix} \begin{pmatrix} b_{11} & 0 & \ldots & 0 \\ b_{21} & b_{22} & 0 \ldots & 0 \\ \ldots & \ldots & \ldots & \ldots \\ b_{n1} & b_{n2} & \ldots & b_{nn} \end{pmatrix} = \begin{pmatrix} b_{11} & 0 & \ldots & 0 \\ b_{21} & b_{22} & 0 \ldots & 0 \\ \ldots & \ldots & \ldots & \ldots \\ b_{n1} & b_{n2} & \ldots & b_{nn} \end{pmatrix} \begin{pmatrix} 0 & c_{12} & c_{13} \ldots & c_{1n} \\ 0 & 0 & c_{23} \ldots & c_{2n} \\ \cdot & \cdot & \cdot & \cdot \\ 0 & \ldots & 0 & c_{n-1,n} \\ 0 & \ldots & 0 & -a_1 \end{pmatrix}. \quad (36)$$

Dies leistet schon folgender spezieller Ansatz:

$$\begin{pmatrix} 0 & \ldots & 0 \\ \ldots & \ldots & \ldots \\ 0 & \ldots & 0 \\ -a_n & \ldots & -a_1 \end{pmatrix} \begin{pmatrix} b_{11} & 0 & \ldots & \ldots & 0 \\ 0 & b_{22} & 0 & \ldots & 0 \\ 0 & \ldots & 0 & b_{n-1,n-1} & 0 \\ b_{n1} & b_{n2} & \ldots & b_{n,n-1} & b_{nn} \end{pmatrix} = \begin{pmatrix} b_{11} & 0 & \ldots \\ 0 & b_{22} & \ldots \\ \ldots & \ldots & \ldots \\ b_{n1} & b_{n2} & \ldots \end{pmatrix} \begin{pmatrix} 0 \ldots 0 & 0 \\ \ldots & \ldots \\ 0 \ldots 0 & -a_1 \end{pmatrix}.$$

Die Ausrechnung ergibt, daß hierdurch lediglich $b_{n1}, b_{n2}, \ldots, b_{n,n-1}$ durch die übrigen Größen eindeutig festgelegt sind:

$$b_{n\nu} = -\frac{a_{n+1-\nu}}{a_1} b_{\nu\nu} \qquad (\nu = 1, \ldots, n-1).$$

Die Transformation (7) ergibt sich hiemit, wenn noch alle $b_{ii} = 1$ gesetzt werden und die Auflösung nach den y_i hergestellt wird, in folgender Form:

$$y_i = x_i \qquad (i = 1, \ldots, n-1)$$

$$y_n = \frac{1}{a_1}(a_1 x_n + a_2 x_{n-1} + \cdots + a_n x_1).$$

Nun sind die Sätze 4 und 5 mit $m = 0$, $p = n - 1$ anwendbar und liefern:

$$\frac{\log(|x| + |x'| + \cdots + |x^{(n-2)}|)}{F} \to 0 \qquad (37)$$

$$\frac{a_1 x^{(n-1)} + a_2 x^{(n-2)} + \cdots + a_n x}{|x| + |x'| + \cdots + |x^{(n-2)}|} \to 0. \qquad (38)$$

Für $n = 2$ erhält man also:

$$\frac{\log|x|}{F} \to 0 \text{ und } \frac{a_1 x' + a_2 x}{x} \to 0 \text{ oder } \frac{x'}{x} \to -\frac{a_2}{a_1}.$$

Im Falle $\Re(a_1) < 0$ sind die charakteristischen Wurzeln in der Reihenfolge $-a_1, 0, \ldots, 0$ anzuschreiben; man braucht also zur Untersuchung von zu 0 gehörigen Lösungen eine Matrixbeziehung gemäß Satz 2 mit $m = 1$, $p = n - 1$. Die Verwendung der Numerierung (T_n) ist hier (was nicht näher ausgeführt sei) nicht ohne die Voraussetzung $a_n \neq 0$ möglich. Folgende Numerierung führt aber glatt zum Ziel:

$$(T_1^*) \qquad \begin{cases} x = x_n \\ x' = x_{n-1} \\ \cdots\cdots\cdots \\ x^{(n-1)} = x_1, \end{cases}$$

bei welcher

$$(a_{ik}) = \begin{pmatrix} -a_1 & \ldots & -a_n \\ 0 & \ldots & 0 \\ \cdots & \cdots & \cdots \\ 0 & \ldots & 0 \end{pmatrix}$$

ist; man braucht also gemäß Satz 2 eine Matrixbeziehung folgender Art:

$$\begin{pmatrix} -a_1 \ldots -a_n \\ 0 \ldots 0 \\ \cdots\cdots\cdots \\ 0 \ldots 0 \end{pmatrix} \begin{pmatrix} b_{11} & b_{12} & & \ldots & b_{1n} \\ 0 & b_{22} & 0 & \ldots & 0 \\ 0 & b_{32} & b_{33} & 0 \ldots & 0 \\ \cdots & \cdots & \cdots & \cdots & \cdots \\ 0 & b_{n2} & b_{n3} & \ldots & b_{nn} \end{pmatrix}$$
$$= \begin{pmatrix} b_{11} & b_{12} & & \ldots & b_{1n} \\ 0 & b_{22} & 0 & \ldots & 0 \\ 0 & b_{32} & b_{33} & 0 \ldots & 0 \\ \cdots & \cdots & \cdots & \cdots & \cdots \\ 0 & b_{n2} & b_{n3} & \ldots & b_{nn} \end{pmatrix} \begin{pmatrix} -a_1 & 0 & & \ldots & 0 \\ c_{21} & 0 & c_{23} & \ldots & c_{2n} \\ c_{31} & 0 & 0 & c_{34} \ldots & c_{3n} \\ \cdot & \cdot & \cdot & \cdot & \cdot \\ c_{n-1,1} & 0 & \ldots\ldots & 0 & c_{n-1,n} \\ c_{n1} & 0 & \ldots\ldots & 0 & 0 \end{pmatrix}. \tag{39}$$

Ähnlich wie vorhin leistet dies schon derjenige spezielle Ansatz, bei welchem alle b_{ik} mit $i \neq k$ und $i > 1$ und alle c_{ik} gleich 0 gesetzt sind, wodurch dann lediglich $b_{12}, \ldots, b_{1n}$ durch die übrigen Größen eindeutig festgelegt sind. Die weitere Rechnung erfolgt genau wie im Fall $\Re(a_1) > 0$ und liefert dieselben Resultate (37) und (38).

Aus (38) ist zu ersehen, daß $\frac{x^{(n-1)}}{|x|+\cdots+|x^{(n-2)}|}$ beschränkt bleibt, da der andere Summand beschränkt ist. Formt man nun in (38) den Zähler mittels (III) um, so ergibt sich

$$\frac{1}{f}\frac{x^{(n)}}{|x|+\cdots+|x^{(n-2)}|}+\frac{\chi_1}{f}\frac{x^{(n-1)}}{|x|+\cdots+|x^{(n-2)}|}+\frac{1}{f}\frac{\chi_2 x^{(n-2)}+\cdots+\chi_n x}{|x|+\cdots+|x^{(n-2)}|}\to 0,$$

woraus nach der eben gemachten Bemerkung folgt:

$$\frac{1}{f}\frac{x^{(n)}}{|x|+\cdots+|x^{(n-2)}|}\to 0. \tag{40}$$

Wir fassen zusammen in

Satz 9: Für jede zu 0 gehörige Lösung von (III) gilt:

$$\lim_{t\to\infty}\frac{\log(|x|+|x'|+\cdots+|x^{(n-2)}|)}{\int f(t)\,dt}=0$$

$$\lim_{t\to\infty}\frac{a_1 x^{(n-1)}+a_2 x^{(n-2)}+\cdots+a_n x}{|x|+|x'|+\cdots+|x^{(n-2)}|}=0$$

$$\lim_{t\to\infty}\frac{1}{f(t)}\frac{x^{(n)}}{|x|+|x'|+\cdots+|x^{(n-2)}|}=0.$$

Für $n=2$ lauten diese Beziehungen:

$$\lim_{t\to\infty}\frac{\log|x|}{\int f(t)\,dt}=0;\quad \lim_{t\to\infty}\frac{x'}{x}=-\frac{a_2}{a_1};\quad \lim_{t\to\infty}\frac{1}{f(t)}\frac{x''}{x}=0.$$

Durch Verwendung anderer Numerierungen als (T_n) für $\Re(a_1)>0$ und (T_1^*) für $\Re(a_1)<0$ lassen sich für $n\geqq 3$ andere Aussagen als Korollare zu Satz 9 gewinnen, welche jedoch sämtliche voraussetzen, daß von den Koeffizienten $a_2,\ldots,a_n$ ein gewisser nicht verschwindet.

Will man z. B. den Fall $\Re(a_1)>0$ mit der Numerierung (T_1^*) behandeln, so muß man anstelle von (36) eine Matrixbeziehung folgender Art haben:

$$\begin{pmatrix} -a_1 \ldots -a_n \\ 0 \;\ldots\; 0 \\ \cdots\cdots\cdots \\ 0 \;\ldots\; 0 \end{pmatrix}\begin{pmatrix} b_{11}\; 0 \;\ldots 0 \\ b_{21}\, b_{22}\, 0 \ldots 0 \\ \cdots\cdots\cdots \\ b_{n1}\, b_{n2} \ldots b_{nn} \end{pmatrix}=\begin{pmatrix} b_{11}\; 0 \;\ldots 0 \\ b_{21}\, b_{22}\, 0 \ldots 0 \\ \cdots\cdots\cdots \\ b_{n1}\, b_{n2} \ldots b_{nn} \end{pmatrix}\begin{pmatrix} 0\; c_{12}\, c_{13} \ldots c_{1n} \\ 0\; 0\;\; c_{23} \ldots c_{2n} \\ 0 \ldots\ldots 0\;\, c_{n-1,n} \\ 0 \ldots\ldots 0\; -a_1 \end{pmatrix}.$$

Kombiniert man hier alle Zeilen mit der n-ten Kolonne, so erhält man die Gleichungen

$$\begin{aligned} -a_n b_{nn} &= b_{11} c_{1n} \\ 0 &= b_{21} c_{1n} + b_{22} c_{2n} \\ 0 &= b_{31} c_{1n} + b_{32} c_{2n} + b_{33} c_{3n} \\ &\cdots\cdots\cdots \\ 0 &= b_{n1} c_{1n} + \cdots + b_{n,n-1} c_{n-1,n} - b_{nn} a_1, \end{aligned}$$

aus welchen man wegen $b_{ii} \neq 0$ sofort schließt, daß im Fall $a_n = 0$ auch $a_1 = 0$ sein müßte, während $a_1 \neq 0$ vorausgesetzt ist.

Im Fall $a_n \neq 0$ leistet es wieder ein spezieller Ansatz, nämlich

$$\begin{Vmatrix} -a_1 \ldots -a_n \\ 0 \ldots 0 \\ 0 \ldots 0 \end{Vmatrix} \begin{Vmatrix} b_{11} & 0 & \ldots & & 0 \\ 0 & b_{22} & 0 & \ldots & 0 \\ \vdots & & & & \vdots \\ 0 & \ldots & 0 & b_{n-1,n-1} & 0 \\ b_{n1} & b_{n2} & \ldots & & b_{nn} \end{Vmatrix}$$
$$= \begin{Vmatrix} b_{11} & 0 & \ldots & & 0 \\ 0 & b_{22} & 0 & \ldots & 0 \\ \vdots & & & & \vdots \\ 0 & \ldots & 0 & b_{n-1,n-1} & 0 \\ b_{n1} & b_{n2} & \ldots & & b_{nn} \end{Vmatrix} \begin{Vmatrix} 0 \ldots 0 & c_{1n} \\ 0 \ldots\ldots & 0 \\ \vdots & \vdots \\ 0 \ldots\ldots & 0 \\ 0 \ldots 0 & -a_1 \end{Vmatrix}.$$

Die Ausrechnung ergibt, daß hierdurch lediglich $b_{n1}, \ldots, b_{n,n-1}$ und c_{1n} durch die übrigen Größen eindeutig festgelegt sind, und zwar ist

$$c_{1n} = -\frac{b_{nn}}{b_{11}} a_n;$$

$|c_{1n}|$ kann also in der Tat beliebig klein gemacht werden.

Die zugehörige Transformation (7) ergibt sich hiemit, wenn noch die b_{ii} mit $i < n$ gleich 1 gewählt werden und nach den y_i aufgelöst wird, in folgender Form:

$$\begin{aligned} y_i &= x_i \qquad (i = 1, \ldots, n-1) \\ y_n &= \frac{1}{a_n b_{nn}} (a_1 x_1 + a_2 x_2 + \cdots + a_n x_n). \end{aligned}$$

Die Sätze 4 und 5 ergeben nun (mittels (T_1^*)):

$$\left.\begin{aligned} &\frac{\log(|x'| + |x''| + \cdots + |x^{(n-1)}|)}{F} \to 0 \qquad (41) \\ &\frac{a_1 x^{(n-1)} + a_2 x^{(n-2)} + \cdots + a_n x}{|x'| + |x''| + \cdots + |x^{(n-1)}|} \to 0 \qquad (42) \end{aligned}\right\} a_n \neq 0.$$

Für $\Re(a_1) < 0$ ergibt sich dasselbe bei Anwendung der Numerierung (T_n).

Nun kommen noch zahlreiche andere Numerierungen in Betracht, bei denen in den Formeln der Ausfall eines anderen Summanden in der Summe

$$|x| + |x'| + \cdots + |x^{(n-1)}|$$

bewirkt wird. Die betreffenden Untersuchungen verlaufen genau nach den bis jetzt geschilderten Methoden; es mag zur Illustration genügen, die Resultate im Fall $n = 3$ anzugeben:

Die 6 möglichen Numerierungen sind:

$$(T_1)\begin{cases} x = x_2 \\ x' = x_3 \\ x'' = x_1 \end{cases} \quad (T_2)\begin{cases} x = x_3 \\ x' = x_1 \\ x'' = x_2 \end{cases} \quad (T_3)\begin{cases} x = x_1 \\ x' = x_2 \\ x'' = x_3 \end{cases}$$

$$(T_1^*)\begin{cases} x = x_3 \\ x' = x_2 \\ x'' = x_1 \end{cases} \quad (T_2^*)\begin{cases} x = x_1 \\ x' = x_3 \\ x'' = x_2 \end{cases} \quad (T_3^*)\begin{cases} x = x_2 \\ x' = x_1 \\ x'' = x_3 . \end{cases}$$

Es ergibt sich für jede zu 0 gehörige Lösung von (III) bei $n = 3$:

$$\frac{\log(|x| + |x'|)}{F(t)} \to 0, \qquad \frac{a_1 x'' + a_2 x' + a_3 x}{|x| + |x'|} \to 0 \quad \text{stets;}$$

$$\frac{\log(|x| + |x''|)}{F(t)} \to 0, \qquad \frac{a_1 x'' + a_2 x' + a_3 x}{|x| + |x''|} \to 0 \quad \text{falls } a_2 \neq 0;$$

$$\frac{\log(|x'| + |x''|)}{F(t)} \to 0, \qquad \frac{a_1 x'' + a_2 x' + a_3 x}{|x'| + |x''|} \to 0 \quad \text{falls } a_3 \neq 0.$$

Hieraus (wie (40) aus (38)):

$$\frac{1}{f(t)} \frac{x'''}{|x| + |x'|} \to 0 \quad \text{stets;}$$

$$\frac{1}{f(t)} \frac{x'''}{|x| + |x''|} \to 0 \quad \text{falls } a_2 \neq 0;$$

$$\frac{1}{f(t)} \frac{x'''}{|x'| + |x''|} \to 0 \quad \text{falls } a_3 \neq 0.$$

§ 9. Anwendung auf lineare Differentialgleichungen n-ter Ordnung (2. Typus: Poincaré-Perronsche Differentialgleichung).

Vorgelegt sei eine lineare Differentialgleichung n-ter Ordnung von folgendem Typus (Poincaré-Perronsche Differentialgleichung):

$$(\mathrm{IV})\begin{cases} x^{(n)} + (a_1 + \chi_1(t))\, x^{(n-1)} + \cdots + (a_n + \chi_n(t))\, x = 0 \\ \chi_\nu(t) \text{ definiert für } t \geqq t_0,\ \chi_\nu(t) \to 0 \text{ mit } t \to +\infty,\ \nu = 1, \ldots, n. \end{cases}$$

Die Transformation (T_n) führt (IV) über in ein System von der Form (I) mit

$$(a_{ik}) = \begin{pmatrix} 0 & 1 & 0 & 0 \ldots 0 \\ 0 & 0 & 1 & 0 \ldots 0 \\ \cdots & \cdots & \cdots & \cdots \\ 0 & \cdots & \cdots & \ldots 0 \quad 1 \\ -a_n & -a_{n-1} & \ldots & -a_2 \; -a_1 \end{pmatrix}$$

und den „Zusatzfunktionen"

$$\varphi_i = 0 \qquad (i = 1, \ldots, n-1)$$

$$\varphi_n = -\sum_{k=1}^{n} \chi_{n-k+1}\, x_k .$$

Wiederum sind die Voraussetzungen A erfüllt; $\mathfrak{B}$ und jedes $\mathfrak{B}_\varepsilon$ ist der Bereich *aller* Wertsysteme (x_i).

Die charakteristischen Wurzeln $\varrho_1, \ldots, \varrho_n$ sind die Wurzeln des Polynoms

$$\begin{vmatrix} -\varrho & 1 & 0 & 0 \ldots\ldots 0 \\ 0 & -\varrho & 1 & 0 \ldots\ldots 0 \\ \cdots & \cdots & \cdots & \cdots \\ 0 & \cdots & \cdots -\varrho & 1 \\ -a_n & -a_{n-1} \ldots\ldots -a_2 & & -a_1 - \varrho \end{vmatrix} = (-1)^n (\varrho^n + a_1 \varrho^{n-1} + \cdots + a_n).$$

Die Übertragung des Satzes 3 liefert den

Satz 10: Für jede Lösung der Differentialgleichung (IV), welche für $t \geqq t_0$ existiert und nicht von einer Stelle an identisch verschwindet, existiert der Grenzwert

$$\lim_{t \to \infty} \frac{\log(|x| + |x'| + \cdots + |x^{(n-1)}|)}{t}$$

und ist gleich einem $\Re(\varrho_\nu)$, $1 \leqq \nu \leqq n$.

Ist ϱ_ν eine charakteristische Wurzel, deren Realteil bei keiner andern auftritt, so bestimmen sich die Zahlen e_i des Satzes 6 aus dem Gleichungssystem

$$\begin{aligned} -\varrho_\nu e_1 + e_2 &= 0 \\ -\varrho_\nu e_2 + e_3 &= 0 \\ \dots\dots\dots\dots \\ -\varrho_\nu e_{n-1} + e_n &= 0 \\ -a_n e_1 - \dots - a_2 e_{n-1} - (a_1 + \varrho_\nu) e_n &= 0, \end{aligned}$$

woraus folgt:

$$e_1 = 1, \qquad e_2 = \varrho_\nu, \qquad e_3 = \varrho_\nu^2, \dots, e_n = \varrho_\nu^{n-1};$$

die letzte Gleichung ist dann von selbst erfüllt.

Satz 6 mit $\alpha = 1$ liefert nun:

$$x \text{ ist zuletzt } \neq 0; \qquad \frac{\log x}{t} \to \varrho_\nu;$$

$$\frac{x'}{x} \to \varrho_\nu, \; \frac{x''}{x} \to \varrho_\nu^2, \dots, \frac{x^{(n-1)}}{x} \to \varrho_\nu^{n-1}; \; \frac{x^{(n)}}{x} \to \varrho_\nu^n$$

(letzteres aus der letzten Beziehung des Satzes 6 mit $i = n$).

Im Falle $\varrho_\nu' \neq 0$ darf Satz 6 auch mit $\alpha = 2, \dots, n$ angewandt werden. Es kommt dann noch hinzu:

$$x', \dots, x^{(n-1)} \text{ ebenfalls zuletzt } \neq 0;$$

$$\frac{\log x'}{t} \to \varrho_\nu, \dots, \frac{\log x^{(n-1)}}{t} \to \varrho_\nu;$$

übrigens lassen sich diese Beziehungen auch aus den für $\alpha = 1$ aufgestellten erhalten.

Schließlich läßt sich aus $\frac{x^{(n)}}{x} \to \varrho_\nu^n$ im Fall $\varrho_\nu \neq 0$ noch $\frac{\log x^{(n)}}{t} \to \varrho_\nu$ gewinnen, indem man $x = r e^{i\vartheta}$, $x^{(n)} = R e^{i\Theta}$ setzt, wobei die Arcusfunktionen ϑ und Θ durch stetige Fortsetzung zu definieren sind (vgl. S. 230).

Wir fassen zusammen in

Satz 11: Eine Lösung von (IV) gehöre gemäß Satz 10 zu einer charakteristischen Wurzel ϱ_ν, deren Realteil bei keiner andern auftritt. Dann ist x zuletzt für alle t von 0 verschieden und es gilt:

$$\lim_{t\to\infty} \frac{\log x}{t} = \varrho_\nu;$$

$$\lim_{t\to\infty} \frac{x^{(j)}}{x} = \varrho_\nu^j \qquad (j = 1, \ldots, n).$$

Im Falle $\varrho_\nu \neq 0$ sind ferner $x', \ldots, x^{(n-1)}, x^{(n)}$ zuletzt für alle t von 0 verschieden nnd es gilt auch:

$$\lim_{t\to\infty} \frac{\log x^{(j)}}{t} = \varrho_\nu \qquad (j = 1, \ldots, n).$$

Hieraus Folgerungen über absoluten Betrag und Arcus wie früher bei Satz 6 und Satz 8:

$$\lim_{t\to\infty} \frac{\log |x|}{t} = \Re(\varrho_\nu); \qquad \lim_{t\to\infty} \frac{\operatorname{Arc} x}{t} = \Im(\varrho_\nu)$$

usw.

Jetzt sei ϱ_ν eine charakteristische Wurzel, deren Realteil mehrfach auftritt; wir nehmen die Bezeichnungen der §§ 5 und 6 wieder auf: $\varrho_{m+1}, \ldots, \varrho_{m+p}$ sei die betreffende Gruppe von Wurzeln. Um die Sätze 4 und 5 auf (IV) übertragen zu können, und zwar so, daß der damals notwendige Begriff der „geeigneten Numerierung" herausfällt, ist es zunächst nötig, die Funktionen $x, x', \ldots, x^{(n-1)}$ in einer solchen Reihenfolge mit $x_1, \ldots, x_n$ zu bezeichnen, daß die Matrixbeziehung des Satzes 2 besteht.

Wir behaupten, daß dies für $m = 0$ die bis jetzt in diesem Paragraph angewandte Numerierung (T_n) leistet. Um dies einzusehen, braucht man nur den Beweis des Satzes 1 (dies ist Satz 2 für $m = 0$) mit der jetzigen Matrix (a_{ik}) nachzuprüfen. Zunächst ist (in den damaligen Bezeichnungen) beim 1. Schritt

$$\mathfrak{A}_1 = \begin{vmatrix} -\varrho_1 & 1 & 0 & 0 \dots\dots 0 & \\ 0 & -\varrho_1 & 1 & 0 \dots\dots 0 & \\ \dots & \dots & \dots & \dots -\varrho_1 & 1 \\ -a_n & -a_{n-1} & \dots\dots & -a_2 & -(a_1+\varrho_1) \end{vmatrix},$$

woraus sofort zu ersehen ist, daß $\mathfrak{A}_1$ und $\mathfrak{A}_1^{(1)}$ beide gleichen Rang (nämlich $n-1$) haben. Sodann ist beim 2. Schritt

$$\mathfrak{A}_2 = \begin{vmatrix} b_{11} & 1 & 0 & 0 \dots\dots 0 \\ b_{21} & -\varrho_2 & 1 & 0 \dots\dots 0 \\ b_{31} & 0 & -\varrho_2 & 1 \dots\dots 0 \\ \dots & \dots & \dots & \dots \\ b_{n1} & -a_{n-1} & -a_{n-2} & \dots\dots (-a_1+\varrho_2) \end{vmatrix},$$

woraus dasselbe für $\mathfrak{A}_2$ und $\mathfrak{A}_2^{(2)}$ zu ersehen ist. Genau so bei den weiteren Schritten.

Es ist also bei der Numerierung (T_n) für die Anwendung des Satzes 1 keine Umordnung nötig. Nun ging Satz 2 (mit $m > 0$) aus Satz 1 durch eine damals angegebene Umordnung hervor, welche für die x_i besagt, daß die Indizes folgendermaßen permutiert werden:

$$\begin{array}{rcl} 1 & \text{in} & m+1 \\ 2 & \text{in} & m+2 \\ \dots & \dots & \dots \\ n-m & \text{in} & n \\ n-m+1 & \text{in} & 1 \\ \dots & \dots & \dots \\ n & \text{in} & m. \end{array}$$

Nehmen wir also bei der Verwandlung von (IV) in ein System von Differentialgleichungen 1. Ordnung anstelle von (T_n) die Numerierung

$$(T_m) \qquad \begin{cases} x = x_{m+1} \\ x' = x_{m+2} \\ \dots\dots\dots \\ x^{(n-m-1)} = x_n \\ x^{(n-m)} = x_1 \\ \dots\dots\dots \\ x^{(n-1)} = x_m \end{cases} \qquad (1 \leq m \leq n-1)$$

so ist für die Anwendung des Satzes 2 keine Umordnung nötig[14]).

Somit lautet die Übertragung des Satzes 4:

$$\frac{\log(|x| + |x'| + \cdots + |x^{(n-1)}|)}{t} \to \Re(\varrho_\nu).$$

Zur Übertragung des Satzes 5 ist zunächst die Transformation (7) in dem vorliegenden Fall aufzustellen. Da die zur Berechnung der b_{ik} und c_{ik} dienenden Gleichungssysteme jetzt alle den Rang $n-1$ haben, wie vorhin erwähnt, sind diese Konstanten bis auf Proportionalitätsfaktoren (welche die $|c_{ik}|$ beliebig klein zu machen gestatten) eindeutig durch die zu (IV) gehörige Matrix (a_{ik}) (oben für die Numerierung (T_n) angeschrieben) bestimmt. Im Fall $m > 0$, also bei Verwendung der Numerierung (T_m), hat diese Matrix die Form

$$\begin{pmatrix} 0 & 1 & 0 & \ldots & \ldots & \ldots & \ldots & 0 \\ 0 & 0 & 1 & \ldots & \ldots & \ldots & \ldots & 0 \\ \ldots & \ldots & \ldots & \ldots & \ldots & \ldots & \ldots & \ldots \\ 0 & \ldots & \ldots & 0 & 1 & 0 & \ldots & 0 \\ -a_m & -a_{m-1} & \ldots & -a_2 & -a_1 & -a_n & \ldots & -a_{m+1} \\ 0 & \ldots & \ldots & \ldots & \ldots & 0 & 1 \ldots & 0 \\ \ldots & \ldots & \ldots & \ldots & \ldots & \ldots & \ldots & \ldots \\ 0 & \ldots & \ldots & \ldots & \ldots & \ldots & 0 & 1 \\ 1 & 0 & \ldots & \ldots & \ldots & \ldots & \ldots & 0 \end{pmatrix},$$

wo $-a_m, \ldots, -a_{m+1}$ die m-te Zeile ist. Um für die folgende Rechnung die einfachere Schreibweise des Falles $m = 0$ zu erhalten, setzen wir

$$b_{ik} = \beta_{i-m,k-m}, \quad c_{ik} = \gamma_{i-m,k-m}, \quad \varrho_i = \sigma_{i-m},$$

wobei zu einem nichtpositiven Index der β, γ und σ nochmals n zu addieren ist.

---

[14]) Es läßt sich sogar beweisen, daß unter allen $n!$ Numerierungen (T_m) die einzige ist, bei welcher eine Matrixbeziehung des Satzes 2 ohne spezielle weitere Annahmen über die a_ν von (IV) existiert.

Dann läßt sich die Matrixbeziehung des Satzes 2 auch in der Form schreiben:

$$\begin{pmatrix} 0 & 1 & 0 & 0 & \cdots \\ 0 & 0 & 1 & 0 & \cdots \\ \cdots & \cdots & \cdots & \cdots & \cdots \\ 0 & \cdots & \cdots & 0 & 1 \\ -a_n & -a_{n-1} & \cdots & -a_2 & -a_1 \end{pmatrix} \begin{pmatrix} \beta_{11} & 0 & \cdots & 0 \\ \beta_{21} & \beta_{22} & 0 \cdots & 0 \\ \cdots & \cdots & \cdots & \cdots \\ \beta_{n1} & \beta_{n2} & \cdots & \beta_{nn} \end{pmatrix}$$
$$= \begin{pmatrix} \beta_{11} & 0 & \cdots & 0 \\ \beta_{21} & \beta_{22} & 0 \cdots & 0 \\ \cdots & \cdots & \cdots & \cdots \\ \beta_{n1} & \beta_{n2} & \cdots & \beta_{nn} \end{pmatrix} \begin{pmatrix} \sigma_1 & \gamma_{12} & \cdots & \cdots & \gamma_{1n} \\ 0 & \sigma_2 & \gamma_{23} & \cdots & \gamma_{2n} \\ \cdots & \cdots & \cdots & \cdots & \cdots \\ 0 & \cdots & \cdots & 0 & \sigma_n \end{pmatrix}. \tag{43}$$

Setzen wir ferner

$$x_i = \xi_{i-m}, \qquad y_i = \eta_{i-m},$$

wo ebenfalls zu einem nichtpositiven Index n zu addieren ist, so lautet die Transformation (7):

$$\begin{aligned} \xi_1 &= \beta_{11}\eta_1 \\ \xi_2 &= \beta_{21}\eta_1 + \beta_{22}\eta_2 \\ &\cdots\cdots\cdots\cdots \\ \xi_n &= \beta_{n1}\eta_1 + \cdots + \beta_{nn}\eta_n. \end{aligned} \tag{44}$$

Wir bezeichnen die symmetrischen Funktionen der Wurzeln $\sigma_1, \sigma_2, \ldots, \sigma_i$ folgendermaßen:

$$\left.\begin{aligned} \tau_1^{(i)} &= \sigma_1 + \cdots + \sigma_i \\ \tau_2^{(i)} &= \sigma_1\sigma_2 + \cdots + \sigma_{i-1}\sigma_i \\ &\cdots\cdots\cdots\cdots \\ \tau_i^{(i)} &= \sigma_1\sigma_2\cdots\sigma_i \end{aligned}\right\} \quad (i = 1, \ldots, n).$$

Ferner bedeute:

$$\begin{aligned} \tau_0^{(i)} &= 1 \quad \text{für} \quad i \geqq 0; \\ \tau_\nu^{(i)} &= 0 \quad \text{für} \quad \nu > i \geqq 0. \end{aligned}$$

Dann lautet die Auflösung von (44) so:

$$\eta_i = \frac{1}{\beta_{ii}} \sum_{\nu=0}^{i-1} (-1)^\nu \tau_\nu^{(i-1)} \xi_{i-\nu} \qquad (i = 1, \ldots, n). \tag{45}$$

Zur Verifikation dieser Formel bilden wir mittels (44):

$$\sum_{\nu=0}^{i-1}(-1)^\nu \tau_\nu^{(i-1)} \xi_{i-\nu} = \sum_{\nu=0}^{i-1}(-1)^\nu \tau_\nu^{(i-1)} \sum_{k=1}^{i-\nu} \beta_{i-\nu,k}\,\eta_k$$
$$= \sum_{k=1}^{i-1}\left(\sum_{\nu=0}^{i-k}(-1)^\nu \tau_\nu^{(i-1)} \beta_{i-\nu,k}\right)\eta_k + \beta_{ii}\,\eta_i.$$

Es ist also zu beweisen:

$$B_{ik}^{(i-1)} \equiv \sum_{\nu=0}^{i-k}(-1)^\nu \tau_\nu^{(i-1)} \beta_{i-\nu,k} = 0 \text{ für } \begin{cases} i = 2, \ldots, n \\ k = 1, \ldots, i-1. \end{cases}$$

Führen wir die allgemeinere Abkürzung ein

$$B_{ik}^{(j)} \equiv \sum_{\nu=0}^{i-k}(-1)^\nu \tau_\nu^{(j)} \beta_{i-\nu,k} \qquad \text{für } \begin{cases} i = 2, \ldots, n \\ k = 1, \ldots, i-1 \\ k \leqq j \leqq i-1, \end{cases}$$

so folgt aus

$$\tau_\nu^{(j)} = \tau_\nu^{(j-1)} + \sigma_j \tau_{\nu-1}^{(j-1)}$$

leicht die Rekursionsformel

$$B_{ik}^{(j)} = B_{ik}^{(j-1)} - \sigma_j B_{i-1,k}^{(j-1)} \qquad \text{für } \begin{cases} i = 3, \ldots, n \\ k = 1, \ldots, i-1 \\ k < j \leqq i-1, \end{cases} \tag{46}$$

sodaß es also genügt zu zeigen

$$B_{ik}^{(k)} = 0 \text{ für } \begin{cases} i = 2, \ldots, n \\ k = 1, \ldots, i-1; \end{cases}$$

denn dann liefert für die übrigen $B_{ik}^{(i-1)}$ die mehrmalige Anwendung der Rekursionsformel (46) die Behauptung.

Komponiert man in (43) die 1. Zeile mit der 3. bis n-ten Kolonne, so ergibt sich

$$\gamma_{13} = \gamma_{14} = \cdots = \gamma_{1n} = 0.$$

Hierauf liefert die Komposition der 2. Zeile mit der 4. bis n-ten Kolonne

$$\gamma_{24} = \gamma_{25} = \cdots = \gamma_{2n} = 0.$$

Durch Induktion erhält man $\gamma_{ik} = 0$ für $k \geqq i + 2$.

Komponiert man in (43) die 1. bis $(n-1)$-te Zeile je mit der 1. Kolonne, so erhält man

$$\begin{aligned}\beta_{21} &= \beta_{11}\,\sigma_1\\ \beta_{31} &= \beta_{21}\,\sigma_1\\ &\cdots\cdots\\ \beta_{n1} &= \beta_{n-1,1}\,\sigma_1,\end{aligned}$$

woraus für $i \geqq 2$ folgt:

$$B_{i1}^{(1)} \equiv \beta_{i1} - \tau_1^{(1)}\,\beta_{i-1,1} = \beta_{i1} - \sigma_1\,\beta_{i-1,1} = 0.$$

Damit sind die $B_{ik}^{(k)}$ mit $k = 1$ erledigt.

Komponiert man in (43) für $i > k$ und $2 \leqq k \leqq n-1$ die $(i-1)$-te, $(i-2)$-te, ..., $(k-1)$-te Zeile je mit der k-ten Kolonne, so erhält man

$$\begin{aligned}\beta_{ik} &= \beta_{i-1,k-1}\,\gamma_{k-1,k} + \beta_{i-1,k}\,\sigma_k\\ \beta_{i-1,k} &= \beta_{i-2,k-1}\,\gamma_{k-1,k} + \beta_{i-2,k}\,\sigma_k\\ &\cdots\cdots\cdots\cdots\\ \beta_{k+1,k} &= \beta_{k,k-1}\,\gamma_{k-1,k} + \beta_{kk}\,\sigma_k\\ \beta_{kk} &= \beta_{k-1,k-1}\,\gamma_{k-1,k}.\end{aligned} \tag{47}$$

Multipliziert man diese Gleichungen der Reihe nach mit

$$1,\ -\tau_1^{(k)},\ \tau_2^{(k)},\ \ldots,\ (-1)^{i-k}\,\tau_{i-k}^{(k)},$$

so erhält man durch Addition die Rekursionsformel

$$B_{ik}^{(k)} = \gamma_{k-1,k}\,B_{i-1,k-1}^{(k)} + \sigma_k\,B_{i-1,k}^{(k)} \quad \text{für} \begin{cases} i \geqq k+2\\ 2 \leqq k \leqq n-1,\end{cases}$$

sodaß es also genügt zu zeigen

$$B_{k+1,k}^{(k)} = 0 \text{ für } k = 2, \ldots, n-1.$$

Nun folgt aus den letzten beiden Gleichungen von (47) für $2 \leqq k \leqq n-1$

$$\beta_{k+1,k} = \beta_{k,k-1}\,\frac{\beta_{kk}}{\beta_{k-1,k-1}} + \beta_{kk}\,\sigma_k. \tag{48}$$

Die Komposition der 1. Zeile mit der 1. Kolonne von (43) gibt

$$\beta_{21} = \beta_{11}\,\sigma_1,$$

sodaß aus (48) für $k = 2$ folgt

$$\beta_{32} = (\sigma_1 + \sigma_2)\,\beta_{22} \quad \text{oder} \quad B_{32}^{(2)} = 0.$$

Mittels der Induktionsannahme

$$\beta_{k,k-1} = \tau_1^{(k-1)}\,\beta_{k-1,k-1} \quad \text{oder} \quad B_{k,k-1}^{(k-1)} = 0$$

folgt dann aus (48)

$$\beta_{k+1,k} = \tau_1^{(k)} \beta_{kk} \quad \text{oder} \quad B_{k+1,k}^{(k)} = 0.$$

Damit ist (45) bewiesen. —

Nun liefert Satz 5, auf die η_i übertragen:

$$\frac{\eta_j}{\sum_{i=1}^{p} |\eta_i|} \to 0 \quad \text{für alle } j > p;$$

oder, da man aus (44) und (45) zwei positive Zahlen g und G derart gewinnen kann, daß

$$g \sum_{i=1}^{p} |\eta_i| \leq \sum_{i=1}^{p} |\xi_i| \leq G \sum_{i=1}^{p} |\eta_i|,$$

auf die ξ_i übertragen:

$$\frac{\sum_{\nu=0}^{j-1} (-1)^\nu \tau_\nu^{(j-1)} \xi_{j-\nu}}{\sum_{i=1}^{p} |\xi_i|} \to 0 \quad \text{für } j > p. \tag{49}$$

Wir können schließlich das System der $n - p$ Limesbeziehungen (49) noch durch ein äquivalentes System ersetzen, in welchem nur die charakteristischen Wurzeln $\sigma_1, \ldots, \sigma_p$ vorkommen.

Bezeichnen wir für den Augenblick den Zähler der linken Seite von (49) mit U_j, den Nenner mit U. (49) läßt sich dann in bekannter Symbolik in der Form

$$U_j = o(U) \qquad (j = p + 1, \ldots, n)$$

schreiben. Für $j = p + 1, \ldots, n - 1$ ist

$$\sigma_j U_j + U_{j+1} = \sigma_j \sum_{\nu=1}^{j} (-1)^{\nu-1} \tau_{\nu-1}^{(j-1)} \xi_{j-\nu+1} + \xi_{j+1} + \sum_{\nu=1}^{j} (-1)^\nu \tau_\nu^{(j)} \xi_{j+1-\nu}$$

$$= \sum_{\nu=0}^{j-1} (-1)^\nu \tau_\nu^{(j-1)} \xi_{j+1-\nu} = o(U).$$

(Das Glied mit $\nu = j$ fällt weg wegen $\tau_j^{(j-1)} = 0$.)

Dies besagt, daß die Beziehungen (49) außer der letzten gültig bleiben, wenn im Zähler der Index von ξ um eine Einheit erhöht wird. Dieser Schluß läßt sich wiederholt anwenden, wobei jedesmal eine weitere Beziehung wegfällt. Wir erhalten so die Systeme von Beziehungen:

$$\sum_{\nu=0}^{j-1}(-1)^{\nu}\,\tau_{\nu}^{(j-1)}\,\xi_{j+\lambda-\nu}=o\,(U)\qquad\begin{pmatrix}\lambda=0\ldots,n-p-1\\ j=p+1,\ldots,n-\lambda\end{pmatrix}. \tag{50}$$

Für $j=p+1$ erhalten wir das angekündigte System

$$\sum_{\nu=0}^{p}(-1)^{\nu}\,\tau_{\nu}^{(p)}\,\xi_{i-\nu}=o\,(U)\qquad(i=p+1,\ldots,n). \tag{51}$$

Aus (51) läßt sich durch eine analoge Schlußweise wieder (49) erhalten.

Bei der Übertragung dieses Ergebnisses auf die Lösung x von (IV) ergibt sich aus $x_i=\xi_{i-m}$ und (T_m)

$$\begin{aligned}x&=\xi_1\\ x'&=\xi_2\\ &\cdot\ \cdot\ \cdot\ \cdot\ \cdot\\ x^{(n-1)}&=\xi_n;\end{aligned}$$

die in (50) allein auftretenden charakteristischen Wurzeln $\sigma_1,\ldots,\sigma_p$ sind durch $\varrho_{m+1},\ldots,\varrho_{m+p}$ zu ersetzen; deren symmetrische Funktionen seien entsprechend mit $s_1,\ldots,s_p$ (und $s_0=1$) bezeichnet; ein oberer Index ist nicht mehr nötig. Man erhält also:

$$\frac{\sum\limits_{\nu=0}^{p}(-1)^{\nu}\,s_{\nu}\,x^{(j-\nu-1)}}{\sum\limits_{i=1}^{p}|x^{(i-1)}|}\to 0\quad\text{für}\quad j=p+1,\ldots,n.$$

Nun läßt sich aus (IV) selbst noch folgern, daß diese Beziehung auch für $j=n+1$ gilt. Aus der Beziehung für $j=p+1$ ist zu ersehen, daß

$$\frac{x^{(p)}}{\sum\limits_{i=1}^{p}|x^{(i-1)}|}$$

für $t\to\infty$ beschränkt ist, da ja der übrige Teil der linken Seite absolut $\leqq\operatorname{Max}(|s_1|,\ldots,|s_p|)$ ist. Damit folgt nun aus der Beziehung für $j=p+2$, daß auch

$$\frac{x^{(p+1)}}{\sum_{i=1}^{p} |x^{(i-1)}|}$$

beschränkt ist, und so fort bis

$$\frac{x^{(n-1)}}{\sum_{i=1}^{p} |x^{(i-1)}|}.$$

Damit folgt aus (IV)

$$\frac{x^{(n)} + a_1 x^{(n-1)} + \cdots + a_n x}{\sum_{i=1}^{p} |x^{(i-1)}|} \to 0. \tag{52}$$

Oder in den oben gebrauchten Bezeichnungen

$$\sum_{\nu=0}^{n} (-1)^\nu \tau_\nu^{(n)} \xi_{n+1-\nu} = o(U).$$

Induktionsannahme:

$$\sum_{\nu=0}^{n-\lambda} (-1)^\nu \tau_\nu^{(n-\lambda)} \xi_{n+1-\nu} = o(U).$$

Durch Zerlegung des $\tau_\nu^{(n-\lambda)}$ auf der linken Seite folgt:

$$\sum_{\nu=0}^{n-\lambda-1} (-1)^\nu \tau_\nu^{(n-\lambda-1)} \xi_{n+1-\nu} + \sigma_{n-\lambda} \sum_{\nu=1}^{n-\lambda} (-1)^\nu \tau_{\nu-1}^{(n-\lambda-1)} \xi_{n+1-\nu} = o(U).$$

Nun ist

$$\sum_{\nu=1}^{n-\lambda} (-1)^\nu \tau_{\nu-1}^{(n-\lambda-1)} \xi_{n+1-\nu} = -\sum_{\nu=0}^{n-\lambda-1} (-1)^\nu \tau_\nu^{(n-\lambda-1)} \xi_{n-\nu}$$

$$= o(U) \text{ nach (50) für } j = n - \lambda.$$

Es bleibt

$$\sum_{\nu=0}^{n-\lambda-1} (-1)^\nu \tau_\nu^{(n-\lambda-1)} \xi_{n+1-\nu} = o(U).$$

Somit erhält man durch Induktion für $\lambda = n - p - 1$

$$\sum_{\nu=0}^{p} (-1)^\nu \tau_\nu^{(p)} \xi_{n+1-\nu} = o(U)$$

oder

$$\frac{\sum_{\nu=0}^{p} (-1)^\nu s_\nu x^{(n-\nu)}}{\sum_{i=1}^{p} |x^{(i-1)}|} \to 0.$$

Wir fassen zusammen in

Satz 12: Für jede Lösung von (IV), welche gemäß Satz 10 zu einer charakteristischen Wurzel ϱ_ν gehört, deren Realteil im ganzen bei genau p charakteristischen Wurzeln vorkommt (mehrfache mehrfach gezählt), gilt:

$$\lim_{t\to\infty} \frac{\log(|x| + |x'| + \cdots + |x^{(p-1)}|)}{t} = \Re(\varrho_\nu).$$

Werden die genannten p charakteristischen Wurzeln mit $\sigma_1, \ldots, \sigma_p$ und ihre symmetrischen Funktionen mit $s_1, \ldots, s_p$ bezeichnet:

$$\begin{aligned} s_1 &= \sigma_1 + \cdots + \sigma_p \\ s_2 &= \sigma_1\sigma_2 + \cdots + \sigma_{p-1}\sigma_p \\ &\ldots\ldots\ldots\ldots\ldots \\ s_p &= \sigma_1\sigma_2\cdots\sigma_p, \end{aligned}$$

so gilt ferner

$$\lim_{t\to\infty} \frac{x^{(p)} - s_1 x^{(p-1)} + s_2 x^{(p-2)} - + \cdots + (-1)^p s_p x}{|x| + |x'| + \cdots + |x^{(p-1)}|} = 0$$

$$\lim_{t\to\infty} \frac{x^{(p+1)} - s_1 x^{(p)} + s_2 x^{(p-1)} - + \cdots + (-1)^p s_p x'}{|x| + |x'| + \cdots + |x^{(p-1)}|} = 0$$

$$\ldots\ldots\ldots\ldots\ldots\ldots\ldots\ldots$$

$$\lim_{t\to\infty} \frac{x^{(n)} - s_1 x^{(n-1)} + s_2 x^{(n-2)} - + \cdots + (-1)^p s_p x^{(n-p)}}{|x| + |x'| + \cdots + |x^{(p-1)}|} = 0.$$

(Für $p = 1$ sind dies die Beziehungen

$$\frac{x'}{x} \to \varrho_\nu, \ldots, \frac{x^{(n)}}{x} \to \varrho_\nu^n$$

des Satzes 11.)

Anmerkung: Außer den in Satz 12 angeführten Beziehungen gelten noch die aus ihnen ableitbaren übrigen Beziehungen (50) und (52).

Wie in § 8 lassen sich auch hier durch Verwendung anderer Numerierungen andere Aussagen als Korollare zu Satz 12 gewinnen, für welche jedoch stets Spezialvoraussetzungen nötig sind (vgl. die Fußnote 15), durch welche die Existenz einer Matrixbeziehung des Satzes 1 bzw. 2 der für die jeweilige Numerierung erforderlichen Art sichergestellt wird. Es möge zur Illustration genügen, die Resultate im Fall $n = 3$ anzugeben.

*

Es sei $\Re(\sigma_1) = \Re(\sigma_2) \neq \Re(\sigma_3)$. Für jede zu σ_1 gehörige Lösung gilt nach Satz 12:

$$\frac{\log(|x| + |x'|)}{t} \to \Re(\sigma_1)$$

$$\frac{x'' - (\sigma_1 + \sigma_2)x' + \sigma_1\sigma_2 x}{|x| + |x'|} \to 0$$

$$\frac{x''' - (\sigma_1 + \sigma_2)x'' + \sigma_1\sigma_2 x'}{|x| + |x'|} \to 0.$$

Die Numerierungen (vgl. S. 239) (T_2^*) für $m = 0$, (T_3^*) für $m = 1$ liefern:

Für $\sigma_1 + \sigma_2 \neq 0$ gilt ferner:

$$\frac{\log(|x| + |x''|)}{t} \to \Re(\sigma_1)$$

$$\frac{x'' - (\sigma_1 + \sigma_2)x' + \sigma_1\sigma_2 x}{|x| + |x''|} \to 0$$

$$\frac{x''' - (\sigma_1 + \sigma_2)x'' + \sigma_1\sigma_2 x'}{|x| + |x''|} \to 0.$$

Die Numerierungen (T_2) für $m = 0$, (T_3) für $m = 1$ liefern: Für $\sigma_1 \neq 0$, $\sigma_2 \neq 0$ gilt ferner:

$$\frac{(\log|x'| + |x''|)}{t} \to \Re(\sigma_1)$$

$$\frac{x'' - (\sigma_1 + \sigma_2)x' + \sigma_1\sigma_2 x}{|x'| + |x''|} \to 0$$

$$\frac{x''' - (\sigma_1 + \sigma_2)x'' + \sigma_1\sigma_2 x'}{|x'| + |x''|} \to 0.$$

Die übrigen Numerierungen liefern nichts Neues. Natürlich gelten auch die der Anmerkung des Satzes 12 entsprechenden weiteren Beziehungen. —

www.ingramcontent.com/pod-product-compliance
Lightning Source LLC
Chambersburg PA
CBHW031454180326
41458CB00002B/765
* 9 7 8 3 4 8 6 7 6 3 5 1 5 *